米库辛斯基
算符演算和积分变换

周之虎　编　著

图书在版编目(C I P)数据

米库辛斯基算符演算和积分变换 / 周之虎编著. —合肥 ：安徽大学出版社，2014.2

ISBN 978-7-5664-0700-9

Ⅰ.①米… Ⅱ.①周… Ⅲ.①米库辛斯基算子演算 Ⅳ.①O141.1

中国版本图书馆 CIP 数据核字(2014)第 018648 号

米库辛斯基算符演算和积分变换

周之虎　编著

出版发行：北京师范大学出版集团
安 徽 大 学 出 版 社
(安徽省合肥市肥西路 3 号 邮编 230039)
www.bnupg.com.cn
www.ahupress.com.cn
印　　刷：安徽省人民印刷有限公司
经　　销：全国新华书店
开　　本：170mm×240mm
印　　张：7.75
字　　数：147 千字
版　　次：2014 年 2 月第 1 版
印　　次：2014 年 2 月第 1 次印刷
定　　价：18.00 元
ISBN 978-7-5664-0700-9

策划编辑：李　梅　张明举　　装帧设计：李　军
责任编辑：张明举　武溪溪　　美术编辑：李　军
责任校对：程中业　　责任印制：赵明炎

前 言

随着社会的发展和时代的进步，数学发展已成为高科技的突出标志和重要组成部分。我们知道，信号从模拟信号发展到数字信号，信号处理也从模拟信号处理发展到了数字信号处理，从事电子、通讯、雷达、声呐、导航、遥测、遥感、遥控以及各种信号处理等工作需要更多的积分变换知识。众所周知，关于积分变换方面的专著和教材国内外已不少。仅就教材而言，学生不但需要具有基本的微积分（包括一元和多元微积分、级数、常微分方程基本理论等）知识外，还需要掌握复变函数积分（包括复变函数积分的留数理论等）的知识，而大多数工科院校各专业均未开设复变函数课程，而机电、信息各专业很多后继课程又需要相当多的积分变换知识。为了解决实际中的困难，更好地为学生服务，作者参照世界著名的波兰数学家杨·米库辛斯基（J·Mikusinski）教授在20世纪50年代创建的算符演算理论以及其所著《算符演算》（*Operational Calculus*）基础上，并结合自己的研究成果，编写本书。

米库辛斯基算符演算和积分变换，较之一般的以拉普拉斯（Laplace）或其他变换为基础的算符演算理论更为简单和普遍；我们不提其理论的数学自身的伟大意义，仅就这一理论的广阔的应用前景，对于工程技术人员来说是非常有意义的；因为理解和应用这一理论只需要具备普通的微积分知识和一定的数学理解能力.

本书主要介绍了复变函数的概念及其基本结论、米库辛斯基算符演算的基本理论、直接方法和拉普拉斯（Laplace）变换、常系数线性微分方程和差分方程的Mikusinski算符解法、傅里叶变换。力求避开多元函数微积分和较深的复变函数积分理论，较快、较好地使读者能够掌握积分变换的基本知识，更好地为学生服务，为此作者在章节安排和内容上进行了大胆的尝试。

本书是蚌埠学院周之虎教授、董毅教授主持的高等数学省级教学团队建设项目(项目编号:20101093)的一部分。

本书可以作为电子、通讯、雷达、声呐、导航、遥测、遥感、遥控以及各种信号处理专业的入门教材,以及从事上述研究的信息科学和技术工作人员的参考书。

鉴于编者水平有限,错误或不妥之处在所难免,恳请读者指正。

周之虎

2013 年 6 月

目 录

第 1 章

复变函数的概念及其基本结论

本章主要讲述复变函数的概念及其基本性质，力求避开较高深的复变函数积分理论而给出积分变换.

§1.1　复平面上的区域

如果要给出复变函数概念，就要像给出实变函数概念一样，考虑它的自变量变化范围. 在如下的讨论中，变化范围主要指的是所谓区域.

1. 区域的概念

在讲区域概念之前，先介绍复平面上一点的邻域概念.

平面上以 z_0 为中心，δ(某一正数) 为半径的圆的内部的点集合

$$U(z_0,\delta)=\{z \mid |z-z_0|<\delta\}$$

称为 z_0 的一个 δ 邻域，简称 z_0 的邻域；而称

$$U(z_0,\delta)-\{z_0\}=\{z \mid 0<|z-z_0|<\delta\}$$

为 z_0 的一个去心的 δ 邻域，简称 z_0 的去心邻域.

设 D 为一个平面点集，$z_0\in D$，若存在 $\delta>0$，使得 $U(z_0,\delta)\subset D$，则称 z_0 为 D 的一个内点. 若 D 中的每个点均为内点，则称 D 为开集.

若对 D 中任两点都可用完全含于 D 的一条折线连接起来，则称 D 是连通集.

如图 1-1(a) 为连通的集合，而图 1-1(b) 则不然；因为前者内的任两点可用一条完全属于 D 的折线连接起来，而后者则不能.

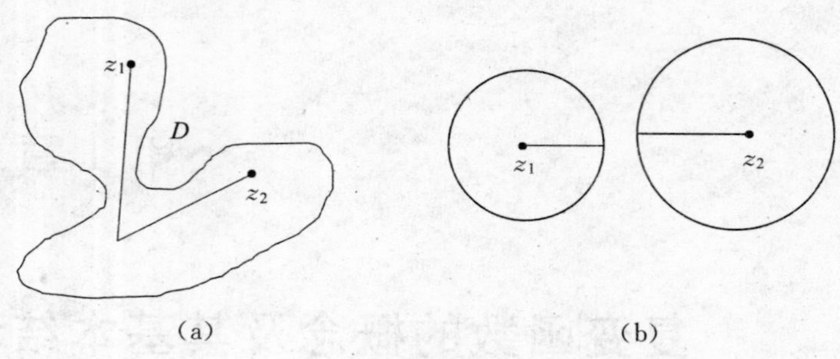

图 1-1

定义 1.1 称平面点集 D 为区域，若 D 是连通的开集.

例如 $U(z_0,\delta)$ 为区域，$U(z_0,\delta)-\{z_0\}$ 为区域，而 $\overline{U}(z_0,\delta)=\{z\,|\,|z-z_0|\leq\delta\}$ 不是区域，其原因是区域 $\overline{U}(z_0,\delta)$ 多了一个边界 $\{z\,|\,|z-z_0|=\delta\}$，而此边界上的点不是内点. 我们称一个区域 D 和其边界合在一起为 D 的闭区域，记为 $\overline{D}$. 一般说来，一个区域和其闭区域是不相同的，唯有空集 $\varnothing$ 和整个复平面既是区域又是闭区域；因为前者不含任何点，而后者没有边界.

另外，我们还知道如图 1-1(b) 的平面点集不是区域，因为它不具有连通性.

若一个区域 D 能够包含在一个以原点为中心的圆内，即存在 $M>0$，使得 $D\subset\{z\,|\,|z|<M\}$，则称 D 为有界区域，否则称为无界的.

容易知道圆域 $\{z\,|\,|z-a|<R\}$、圆环 $\{z\,|\,r<|z-a|<R\}$ 均为有界区域，而圆的外部 $\{z\,|\,|z-a|>R\}$ 和带状域 $\{z\,|\,a<\mathrm{Im}(z)<b\}$ 均是无界区域.

2. 单连通区域和多连通区域

我们知道，若 $x(t)$，$y(t)$ 是两个连续的实变函数，则方程组

$$\begin{cases} x=x(t), \\ y=y(t), \end{cases}\quad(a\leqslant t\leqslant b)$$

表示一条平面曲线并称其为连续曲线. 若令

$$z(t)=x(t)+iy(t),$$

则这一平面(复平面)曲线就可用一个方程

$$z=z(t),\qquad(a\leqslant t\leqslant b)$$

来表示，亦即平面曲线的复数表示式. 若在区间 $a\leqslant t\leqslant b$ 上，$x'(t)$，$y'(t)$ 均为连续的，且对 t 的每一个值，有

$$(x'(t))^2+(y'(t))^2\neq 0,$$

则称该曲线为光滑的. 从几何直观看,光滑曲线上任一点 P 具有唯一的一条切线(当 $x'(t)\neq 0$ 时,该点切线斜率为 $y'(t)/x'(t)$;当 $x'(t)=0$ 时,该点切线平行于 y 轴),并且切线的方向随着 P 点在曲线上连续变动而连续改变. 如果一条平面曲线由有限段光滑曲线依次相接而成,则称此曲线为分段光滑曲线. 对于分段光滑曲线来说,在光滑曲线的连接点处可以没有切线.

设有一条连续曲线

$$C: z=z(t),\qquad (a\leqslant t\leqslant b),$$

若 $z(a)=z(b)$,且当 $t_1\neq t_2$ 时,t_1,t_2 中至少有一个不为 a 或 b,有 $z(t_1)\neq z(t_2)$,则称曲线 C 为简单闭曲线. 依几何观点看,简单闭曲线即为平面上无重点的封闭曲线. 一条简单闭曲线 C 将平面分成两个区域,其曲线 C 的内部是有界区域,而其外部则是无界区域.

定义 1.2　设 D 为一个区域,若 D 中任一条简单闭曲线所围内部仍属于 D,则称 D 为单连通域(图 1-2(a));不是单连通的区域称为多连通区域(图 1-2(b)).

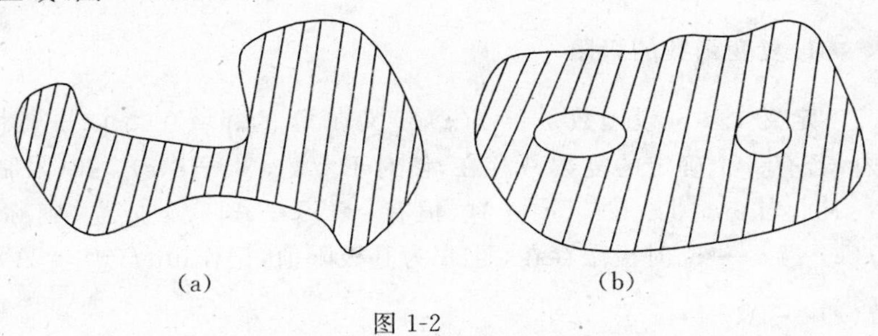

图 1-2

§1.2　复变函数

定义 1.3　设 G 为一复数集合,若对每个 $z=x+iy\in G$,依照一个确定的法则 f,有一复数 $\omega=u+iv$ 与之对应,则称 ω 为复变数 z 的函数,简称复变函数,记为 $\omega=f(z)$.

若对每个 $z\in G$,都有唯一的 ω 与之对应,则称函数 $\omega=f(z)$ 为单值的,否则称为多值的.

G 为函数 $\omega=f(z)$ 的定义集合,而 $R(G)=\{\omega|\omega=f(z),z\in G\}$ 为

函数 $\omega=f(z)$ 的值集.特别地,当 G 和 $R(G)$ 均为实数集时,$\omega=f(z)$ 为实函数;而当 G 为实数集,$R(G)$ 为复数集时,则称 $\omega=f(z)$ 为复值函数.

由于给定复数 $z=x+iy$ 相当于给定了两实数 x 和 y,而复数 $\omega=u+iv$ 也同样地对应着一对实数 u 和 v,故 ω 和 z 之间的函数关系 $\omega=f(z)$ 相当于如下两个二元函数关系

$$u=u(x,y),v=v(x,y),$$

则 $\omega=u(x,y)+iv(x,y)$ 即为复变函数 $\omega=f(z)$.

例如,$\omega=z^2$,令 $z=x+iy$ 得

$$\omega=(x+iy)^2=x^2-y^2+2xyi,$$

即复变函数 $\omega=z^2$ 对应两个二元实变函数

$$u(x,y)=x^2-y^2,v(x,y)=2xy.$$

§1.3 复变函数的极限和连续性

1.复变函数的极限

定义 1.4 设函数 $\omega=f(z)$ 定义在 z_0 的邻域 $0<|z-z_0|<P$ 内,若有一个确定的复数 A 存在,使对于 $\forall\varepsilon>0$,$\exists\delta(\varepsilon)>0$(限制 $0<\delta\leq P$),当 $0<|z-z_0|<\delta$ 时,恒有 $|f(z)-A|<\varepsilon$ 成立,则称 $\omega=f(z)$ 当 $z\to z_0$ 时极限存在,且 A 为其极限值,记作 $\lim\limits_{z\to z_0}f(z)=A$,或记 $f(z)\to A(z\to z_0)$.

应当注意,z 趋向 z_0 的方式是任意的,而不是沿某一特殊路径.

定理 1.1 设 $f(z)=u(x,y)+iv(x,y)$,$A=u_0+iv_0$,$z_0=x_0+iy_0$,则 $\lim\limits_{z\to z_0}f(z)=A$ 的充要条件是[①]

$$\lim_{\substack{x\to x_0\\ y\to y_0}}u(x,y)=u_0,\lim_{\substack{x\to x_0\\ y\to y_0}}v(x,y)=v_0.$$

证明:若 $\lim\limits_{z\to z_0}f(z)=A$,根据极限定义,对于 $\forall\varepsilon>0$,$\exists\delta>0$,当

① 这里二元函数的极限即为高等数学中所定义的,可参看同济大学数学教研室编《高等数学》(第六版)(下).

$0 < |(x+iy)-(x_0+iy_0)| < \delta$ 时,恒有 $|(u+iv)-(u_0+iv_0)| < \varepsilon$,即当

$$0 < \sqrt{(x-x_0)^2+(y-y_0)^2} < \delta$$

时,有

$$|(u-u_0)+(v-v_0)i| < \varepsilon.$$

从而有当 $0 < \sqrt{(x-x_0)^2+(y-y_0)^2} < \delta$ 时,恒有

$$|u-u_0| < \varepsilon, |v-v_0| < \varepsilon$$

成立,即 $\lim\limits_{\substack{x\to x_0\\y\to y_0}} u(x,y) = u_0$, $\lim\limits_{\substack{x\to x_0\\y\to y_0}} v(x,y) = v_0$.

反之,若上面两式成立,则当 $0 < \sqrt{(x-x_0)^2+(y-y_0)^2} < \delta$ 时有 $|u-u_0| < \varepsilon/2$, $|v-v_0| < \varepsilon/2$,而

$$|f(z)-A| = |(u-u_0)+(v-v_0)i| \leq |u-u_0| + |v-v_0|,$$

即当 $0 < |z-z_0| < \delta$ 时有

$$|f(z)-A| < \varepsilon/2 + \varepsilon/2 = \varepsilon,$$

即 $\lim\limits_{z\to z_0} f(z) = A$.

这个定理将求复变函数的极限转化为求两个二元函数的极限.

定理 1.2　若 $\lim\limits_{z\to z_0} f(z) = A$, $\lim\limits_{z\to z_0} g(z) = B$,则

(1) $\lim\limits_{z\to z_0}(f(z) \pm g(z)) = A \pm B$;

(2) $\lim\limits_{z\to z_0} f(z)g(z) = AB$;

(3) $\lim\limits_{z\to z_0} f(z)/g(z) = A/B, (B \neq 0)$.

这些极限运算法则,可与实变函数一样,直接从定义出发予以证明,但也可利用定理 1.1 来证明. 例如定理 1.2 中(2) 的证明如下.

证明:令 $f(z) = u_1 + iv_1$, $g(z) = u_2 + iv_2$. 又设当 $z \to z_0$ 时,

$$f(z) \to A = a + ib, g(z) \to B = c + id.$$

因此当 $x \to x_0$, $y \to y_0$(这里 $z_0 = x_0 + iy_0$),有

$$u_1 \to a, v_1 \to b, u_2 \to c, v_2 \to d.$$

又由

$$f(z)g(z) = (u_1+iv_1)(u_2+iv_2) = u_1u_2 - v_1v_2 + i(u_1v_2 + u_2v_1),$$

$$u_1u_2 - v_1v_2 \to ac - bd, u_1v_2 + u_2v_1 \to ad + bc,$$

因而

$$f(z)g(z) = (ac-bd) + i(ad+bc) = (a+ib)(c+id) = AB.$$

2. 复变函数的连续性

定义 1.5 设 D 为一个区域，$z_0 \in D$，函数 $f(z)$ 在 D 内有定义。若 $\lim\limits_{z \to z_0} f(z) = f(z_0)$，则称函数 $\omega = f(z)$ 在 z_0 点连续. 若 $f(z)$ 在区域 D 内的每一点均连续，则称 $f(z)$ 在 D 内连续.

由定义 1.5 和定理 1.1 得：

定理 1.3 函数 $f(z) = u(x,y) + iv(x,y)$ 在 $z_0 = x_0 + iy_0$ 点连续的充要条件是 $u(x,y)$ 和 $v(x,y)$ 在 (x_0, y_0) 处连续.

例如 $f(z) = ln(x^2 + y^2) + i(x^2 - y^2)$ 除原点外处处连续，此因 $u = ln(x^2 + y^2)$ 除原点外处处连续，而 $v = x^2 - y^2$ 是处处连续的.

由定理 1.2 和定理 1.3 可得：

定理 1.4 连续函数的和、差、积、商（分母不为零）仍为连续函数. 连续函数的复合函数仍为连续函数.

根据上述定理，我们可以推得多项式函数（多项式）

$$\omega = P(z) = a_0 + a_1 z + a_2 z^2 + \cdots + a_n z^n$$

在复平面上连续，而有理分式函数

$$\omega = \frac{P(z)}{Q(z)} (P(z), Q(z) \text{ 均为关于 } z \text{ 的多项式})$$

在分母不为零的点处是连续的.

例 1 函数 $f(z) = \frac{1}{2i}\left(\frac{z}{\overline{z}} - \frac{\overline{z}}{z}\right)$ 当 $z \to 0$ 时的极限不存在.

证明：$f(z) = \frac{1}{2i} \frac{z^2 - \overline{z}^2}{z\overline{z}} = \frac{(z + \overline{z})(z - \overline{z})}{2i\,|z|^2}$

$$= \frac{2\mathrm{Re}(z) \cdot 2i\mathrm{Im}(z)}{2i\,|z|^2} = \frac{2\mathrm{Re}(z) \cdot \mathrm{Im}(z)}{|z|^2}.$$

令 $z = x + iy$，则有 $f(z) = \frac{2xy}{x^2 + y^2}$，即有

$$u(x,y) = \frac{2xy}{x^2 + y^2}, v(x,y) = 0.$$

令 z 沿直线 $y = kx$ 趋于零，有

$$\lim_{\substack{x \to 0 \\ y = kx \to 0}} u(x,y) = \lim_{\substack{x \to 0 \\ y = kx \to 0}} \frac{2xy}{x^2 + y^2} = \lim_{x \to 0} \frac{2kx^2}{x^2 + k^2 x^2} = \frac{2k}{1 + k^2},$$

即沿不同斜率的直线，$u(x,y)$ 趋于不同的值，故 $\lim\limits_{\substack{x \to 0 \\ y \to 0}} u(x,y)$ 不存在. 由

定理 1.1 得 $\lim\limits_{z\to 0}f(z)$ 不存在.

例 2　若 $f(z)$ 在 z_0 点连续，则 $\overline{f(z)}$ 在 z_0 点也连续.

证明: 设 $f(z)=u(x,y)+iv(x,y)$，则 $\overline{f(z)}=u(x,y)-iv(x,y)$. 由定理 1.3 得 $f(z)$ 在 $z_0=x_0+iy_0$ 点连续当且仅当 $u(x,y)$ 和 $v(x,y)$ 在 (x_0,y_0) 点连续，即 $\overline{f(z)}$ 在 z_0 点连续.

§1.4　解析函数

1. 导数的定义

定义 1.6　设复变函数 $\omega=f(z)$ 定义于区域 D，z_0 为 D 中的一点，且 $z_0+\Delta z\in D$. 若极限

$$\lim_{\Delta z\to 0}\frac{f(z_0+\Delta z)-f(z_0)}{\Delta z}$$

存在，则称 $f(z)$ 在 z_0 点可导，这个极限值称为 $f(z)$ 在 z_0 点的导数，记作

$$f'(z_0)=\left.\frac{d\omega}{dz}\right|_{z=z_0}=\lim_{\Delta z\to 0}\frac{f(z_0+\Delta z)-f(z_0)}{\Delta z}.$$

若函数 $f(z)$ 在 D 内的每一点均可导，则称 $f(z)$ 在 D 内可导.

例 1　求函数 $f(z)=z^2$ 的导数.

解:
$$\lim_{\Delta z\to 0}\frac{f(z+\Delta z)-f(z)}{\Delta z}=\lim_{\Delta z\to 0}\frac{(z+\Delta z)^2-z^2}{\Delta z}=\lim_{\Delta z\to 0}(2z+\Delta z)=2z,$$

故 $f'(z)=2z$.

例 2　函数 $f(z)=x+2yi$ 是否可导?

解: 这里
$$\lim_{\Delta z\to 0}\frac{f(z+\Delta z)-f(z)}{\Delta z}$$
$$=\lim_{\Delta z\to 0}\frac{(x+\Delta x)+2(y+\Delta y)i-x-2yi}{\Delta z}$$
$$=\lim_{\substack{\Delta x\to 0\\ \Delta y\to 0}}\frac{\Delta x+2\Delta yi}{\Delta x+\Delta yi}.\qquad (*)$$

在(＊)式中,令$\Delta x \to 0, \Delta y = 0$,这时极限

$$\lim_{\Delta z \to 0} \frac{\Delta x + 2\Delta yi}{\Delta x + \Delta yi} = \lim_{\Delta z \to 0} \frac{\Delta x}{\Delta x} = 1.$$

在(＊)式中,令$\Delta x = 0, \Delta y \to 0$,此时极限

$$\lim_{\Delta z \to 0} \frac{\Delta x + 2\Delta yi}{\Delta x + \Delta yi} = \lim_{\Delta z \to 0} \frac{2\Delta yi}{\Delta yi} = 2.$$

因此,函数$f(z)$在z点不可导.

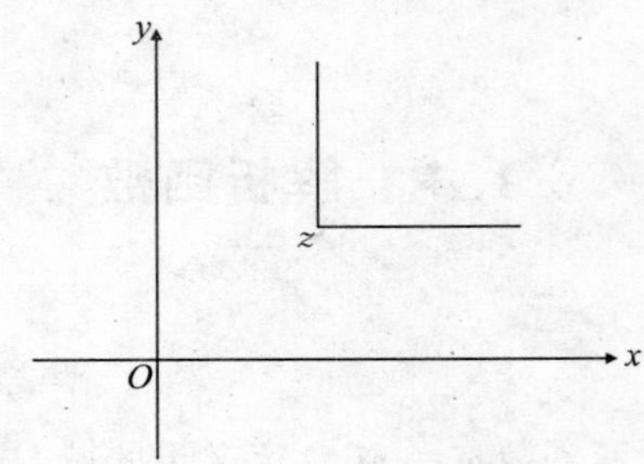

图 1-3

由例 2 可知,复变函数的导数与通常实变函数的导数相差甚远.

定理 1.5　若函数$\omega = f(z)$在z_0点可导,则$f(z)$必在z_0点连续.反之未必.

定理 1.5 的证明方法同实变函数一样,这里从略.

下面仅给出几个今后有用的求导法则:

(1)$(C)' = 0$,其中C为复常数.

(2)$(z^n)' = nz^{n-1}$,其中n为自然数.

(3)$(f(z) \pm g(z))' = f'(z) \pm g'(z)$.

(4)$(f(z)g(z))' = f'(z)g(z) + f(z)g'(z)$.

(5)$\left(\frac{f(z)}{g(z)}\right)' = \frac{1}{g^2(z)}(f'(z)g(z) - f(z)g'(z)), g(z) \neq 0$.

(6)$(f(g(z)))' = f'(\omega)g'(z)$,这里$\omega = g(z)$.

(7)$f'(z) = \frac{1}{\boldsymbol{C}'(\omega)}$,其中$\omega = f(z)$与$z = \boldsymbol{C}(\omega)$是两个互为反函数的单值函数,且$\boldsymbol{C}'(\omega) \neq 0$.

2. 解析函数

解析函数的概念在复变函数理论中极为重要.

定义 1.7　设函数$f(z)$在z_0点的邻域内可导,则称$f(z)$在z_0解

析. 若 $f(z)$ 在区域 D 内每一点解析，则称 $f(z)$ 在 D 内解析或称 $f(z)$ 是 D 内的一个解析函数.

例 3　研究函数 $f(z)=z^2$，$f(z)=x+2yi$ 和 $f(z)=|z|^2$ 的解析性.

解：由例 1 知 $f(z)=z^2$ 处处解析；由例 2 知 $f(z)=x+2yi$ 处处不解析；下面研究 $f(z)=|z|^2$ 的解析性. 由于

$$\lim_{\Delta z\to 0}\frac{f(z_0+\Delta z)-f(z_0)}{\Delta z}=\lim_{\Delta z\to 0}\frac{|z_0+\Delta z|^2-|z_0|^2}{\Delta z}$$

$$=\lim_{\Delta z\to 0}\frac{(z_0+\Delta z)(\overline{z_0}+\overline{\Delta z})-z_0\,\overline{z_0}}{\Delta z}$$

$$=\lim_{\Delta z\to 0}\left(\overline{z_0}+\overline{\Delta z}+z_0\,\frac{\overline{\Delta z}}{\Delta z}\right)$$

$$=\overline{z_0}+\lim_{\Delta z\to 0}z_0\,\frac{\overline{\Delta z}}{\Delta z},$$

当 $z_0=0$ 时，上式极限为零.

当 $z_0\neq 0$ 时，记 $\Delta z=\Delta x+i\Delta y$，其中 $\Delta y=k\Delta x$，则由

$$\frac{\overline{\Delta z}}{\Delta z}=\frac{\Delta x-i\Delta y}{\Delta x+i\Delta y}=\frac{1-i\Delta y/\Delta x}{1+i\Delta y/\Delta x}=\frac{1-ik}{1+ik}$$

以及 k 的任意性知上述极限趋于不确定的值，故

$$\lim_{\Delta z\to 0}\frac{f(z_0+\Delta z)-f(z_0)}{\Delta z}$$

不存在. 因此，$f(z)=|z|^2$ 在 $z_0=0$ 点可导，而在其它点不可导. 据解析性定义知，该函数在复平面上的每一点均不解析.

根据求导法则，不难证明：

定理 1.6　两个解析函数的和、差、积、商（分母不为零）都是解析函数；解析函数的复合函数仍为解析函数.

下面给出判断复变函数解析的条件.

定理 1.7　函数 $f(z)=u(x,y)+iv(x,y)$ 在其定义域 D 内解析的充要条件是 $u(x,y)$ 和 $v(x,y)$ 在 D 内任一点可微，且满足柯西－黎曼方程

$$\frac{\partial u}{\partial x}=\frac{\partial v}{\partial y},\frac{\partial u}{\partial y}=-\frac{\partial v}{\partial x}.$$

最后，我们给出关于解析函数的一个重要结论，它在第四章 §2 中非常有用，由于其证明需用到复变函数的积分，在此从略.

定理 1.8 设 $f(z)$ 在区域 D 内解析，z_0 为 D 内的一点，R 为一正实数且使 $U(z_0,R)=\{z \mid |z-z_0|<R\}\subset D$，则当 $z\in U(z_0,R)$ 时，有

$$f(z)=\sum_{n=0}^{\infty}c_n(z-z_0)^n$$

成立，其中 $c_n=\frac{1}{n!}f^{(n)}(z_0)$，$n=0,1,2,\cdots$.

例如有

$$e^z=1+z+\frac{z^2}{2!}+\frac{z^3}{3!}+\cdots+\frac{z^n}{n!}+\cdots,$$

$$\sin z=z-\frac{1}{3!}z^3+\frac{1}{5!}z^5+\cdots+(-1)^{n-1}\frac{z^{2n-1}}{(2n-1)!}+\cdots,$$

习题 1

1. 描出下列不等式所确定的区域，并指出是有界的还是无界的，是否为闭区域，是单连通域还是多连通域.

(1) $\mathrm{Im}(z)>0$ (2) $|z-1|>4$

(3) $0<\mathrm{Re}(z)<1$ (4) $2\leqslant|z|\leqslant 3$

(5) $|z-1|<|z+3|$ (6) $1<\mathrm{Arg}z<\pi$

(7) $|z-2|+|z+2|\leqslant 6$

2. 证明复平面上的任何直线方程都可写成

$$\alpha\bar{z}+\bar{\alpha}z=c,$$

其中 $\alpha\neq 0$ 为复常数，c 为实常数.

3. 证明若 $f(z)$ 在 z_0 处连续，则 $|f(z)|$ 在 z_0 点也连续.

4. 讨论函数 $f(z)=\frac{1}{1-z}$ 在 $|z|<1$ 内的连续性.

5. 试按导数定义，讨论下列函数的可导性.

(1) $f(z)=\bar{z}$

(2) $f(z)=\mathrm{Re}(z)$

(3) $f(z)=z\mathrm{Re}(z)$

第 2 章

米库辛斯基算符演算的基本理论

为了讲述积分变换和在方程求解中的应用，本章主要把米库辛斯基算符演算的最基本部分以及与后续内容密切相关的知识作一扼要表述.

§2.1　卷积及其梯其玛琪(Titchmarsh)定理

设 $\boldsymbol{C}$ 为定义在 $[0,+\infty)$ 上的复值连续函数 $f=\{f(t)\}$ 的全体. 例如 e^t，e^{it} 所表示的函数均在 $\mathscr{S}$ 中，而 $\frac{1}{t}$ 所表示的函数不在 $\boldsymbol{C}$ 中，因为它在 $t=0$ 点不连续.

定义 1　若 $a=\{a(t)\}\in\boldsymbol{C}$，$b=\{b(t)\}\in\boldsymbol{C}$，记

$c(t)=\int_0^t a(t-\tau)b(\tau)d\tau$，$t\in[0,+\infty)$ 则称 $C=\{c(t)\}$ 为 a 与 b 的卷积，记作 $c=ab$.

由卷积的定义可知，若 $a\in\boldsymbol{C}$，$b\in\boldsymbol{C}$，则 $c=ab\in\boldsymbol{C}$.

例 1　$a(t)=t^2$，$b(t)=e^t$，则

$$c(t)=\int_0^t (t-\tau)^2 e^\tau d\tau=2e^t-t^2-2t-2.$$

例 2　$a(t)=b(t)=\sin t$，则

$$\begin{aligned}c(t)&=\int_0^t \sin(t-\tau)\sin\tau d\tau\\&=\int_0^t(\sin t\cos\tau-\cos t\sin\tau)\sin\tau d\tau\\&=\frac{1}{2}(\sin t-t\cos t).\end{aligned}$$

对于 $\boldsymbol{C}$ 中函数的卷积运算，容易验证如下运算规律成立：

(1) 可交换性，即 $ab = ba$，其中 $a = \{a(t)\}, b = \{b(t)\} \in \boldsymbol{C}$.

(2) 可结合性，即 $(ab)c = a(bc)$，其中 $c = \{c(t)\} \in \boldsymbol{C}$.

(3) 对加法的分配律，即 $a(b+c) = ab + ac$. [1]

在卷积运算中，要特别注意函数 f 与函数值 $f(t)$ 的区别. 例如设第一个函数的值为 2，第二个函数的值是 3，这时，在算术中，记号 $2 \cdot 3$ 表示 6，而在算符演算中表示 $\int_0^t 2 \cdot 3 d\tau = 6t$. 这种混淆是由于对常值函数与数用了相同的记号. 另外，从几何上讲，表示一个数用一条直线（数轴）就够了，表示一个由这个数所对应的常值函数就要用平面. 由此我们约定

$$f = \{f(t)\} = \text{函数 } f(t),$$
$$f(t) = \text{函数在 } t \text{ 点的值}.$$

这样有，$2 \cdot 3 = 6$，而 $\{2\} \cdot \{3\} = \{6t\}$.

为行文方便，引入记号

$$b = \{b(t)\}, a^3 = a \cdot a \cdot a, \cdots.$$

若 m, n 是自然数，则我们有一般公式

$$a^m \cdot a^n = a^{m+n}, a^n \cdot b^n = (ab)^n, (a^m)^n = a^{mn},$$

这里 $a = \{a(t)\} \in \boldsymbol{C}, b = \{b(t)\} \in \boldsymbol{C}$.

特别对定义在 $[0, +\infty)$ 上恒等于 1 的函数，记作 $\{1\} \in \boldsymbol{C}$，且对于每个 $f = \{f(t)\} \in \boldsymbol{C}$，有

$$\{1\} \cdot \{f(t)\} = \left\{\int_0^t f(\tau) d\tau\right\}.$$

由此，我们称 $\{1\}$ 为积分算符，记作 $l = \{1\}$.

容易验证

$$l^2 = \left\{\frac{t}{1}\right\}, l^3 = \left\{\frac{t^2}{2!}\right\}, \cdots.$$

一般地，有

$$l^n = \left\{\frac{t^{n-1}}{(n-1)!}\right\}, n = 1, 2, \cdots,$$

且有

---

[1] 此证明要用到二重积分的交换积分次序. 未学二重积分的读者可直接使用它.

$$l^n \cdot f = \left\{\frac{t^{n-1}}{(n-1)!}\right\} \cdot \{f(t)\},$$

即

$$\underbrace{\int_0^t d\tau \cdots \int_0^t f(\tau)d\tau}_{n次} = \int_0^t \frac{(t-\tau)^{n-1}}{(n-1)!} f(\tau)d\tau,$$

这一公式称为 Cauchy 公式.

作为 Mikusinski 算符演算理论的基础，引入函数的卷积运算作为乘法运算以及关于卷积的重要结论 Titchmarsh 定理；作为工程技术人员，若仅限于把算符演算应用于实际工作，则无需读懂或可以不读关于函数卷积的 Titchmarsh 定理，而仅需掌握其结论即可. 为此，我们直接给出下面定理.

定理 2.1(Titchmarsh)　若类 $\boldsymbol{C}$ 中的函数 f 和 g 均不恒等于零，则它们的卷积 $f \cdot g$ 也不恒等于零. ①

§2.2　算符及其算符的运算

有了关于 $\boldsymbol{C}$ 中函数间乘积的 Titchmarsh 定理，我们可以引进分式 $\frac{a}{b}$，它为 $\boldsymbol{C}$ 中函数 a 和 b 卷积的逆运算，其中 $b \neq 0$.

例如 $a = \{t^3\}$，$b = \{t\}$，则

$$\frac{a}{b} = \frac{\{t^3\}}{\{t\}} = \{6t\},$$

---

① Titchmarsh 定理亦可表述为"若 $\boldsymbol{C}$ 中的函数 f 和 g 的卷积 $f \cdot g = 0$，则 f 和 g 至少有一个恒等于零".

Titchmarsh 定理于 1924 年由 Titchmarsh 本人引进并证明，其证明依靠了解析函数的零点分布理论；M · Grum 于 1947 年和 J · Dufresnoy 于 1947、1948 年根据解析上升速度的研究给出了较简单的证明；1952 年 C · Ryllnardzewski 仅用了实变函数的方法就给出这一定理的证明，证明过程中有一处需涉及二元函数的积分，故略去证明，有兴趣的读者可参看由 Mikusinski 所著的 *Operational Calculus*（有中文译本，王建午译. 上海科技出版社，1964).

这是因为$\{t\}\cdot\{6t\}=\left\{\int_0^t(t-\tau)6\tau d\tau\right\}=\{t^3\}$.

命题 2.1 若分式$\frac{a}{b}$表示$\boldsymbol{C}$中函数c,则函数c唯一.

证明:因为若$\frac{a}{b}=c,\frac{a}{b}=d$,即

$$a=bc,a=bd,$$

故$a-a=b(c-d)=0$.

由$b\neq 0$,依 Titchmarsh 定理得,$c-d=0$,即$c=d$,证毕.

一般来说,对$a,b\in\boldsymbol{C}$,$\frac{a}{b}$未必一定为$\boldsymbol{C}$中元素.例如取$a=b=\{1\}$,则不存在$c\in\boldsymbol{C}$使得$\frac{a}{b}=\frac{\{1\}}{\{1\}}=c$;因为倘若不然,即有$c=\{c(t)\}\in\boldsymbol{C}$使得

$$\frac{a}{b}=\frac{\{1\}}{\{1\}}=c,\text{即}\{1\}=\{1\}\cdot\{c(t)\},$$

亦即$\{1\}=\left\{\int_0^t c(\tau)d\tau\right\}$.从而对$t\geqslant 0$,有等式

$$1=\int_0^t c(\tau)d\tau,$$

但当$t=0$时这等式就不成立.

其实,我们早在初等数学中就遇到过不能进行逆运算的现象.在整数范围内,乘法的逆运算除法就不一定可行,例如2就不能被3除尽;但应当看到,正是由于除法(在整数范围内)的不可逆性产生了新的数,即分数(或有理数).我们承认2被3除的商是一个新的数(它已不是一个整数),并记为$\frac{2}{3}$.一般地,如果某个整数a不能被另一个整数b除尽,则我们承认它们的商等于分数$\frac{a}{b}$.

如果我们也允许有分子被分母除尽的分数,例如$\frac{6}{3}$,则分数就可以看作(整)数概念的推广.每一个整数c都是分数(因为它可以写成$\frac{cb}{b}$,$b\neq 0$),但并非每个分数都是整数.

类似地,卷积逆运算的不可完成性也引出了新的数学概念,即算符的概念.

因此，$\frac{\{1\}}{\{1\}}$ 为一个算符（它已经不是一个函数），这样对每对 $a,b\in$ $\boldsymbol{C},b\neq 0$，则 $\frac{a}{b}$ 表示一个算符.

由于对每个 $c\in\boldsymbol{C}$，有 $c=\frac{bc}{b}(b\in\boldsymbol{C},b\neq 0)$，故算符集类（亦称为"算符域"或"Mikusinski"算符域）为函数类 $\boldsymbol{C}$ 的扩充.

设 $a,b,c,d\in\boldsymbol{C},b\neq 0,d\neq 0$，由 Titchmarsh 定理知 $bd\neq 0$，则同普通算术中对分数的运算定义一样，定义算符的运算如下：

1. $\frac{a}{b}=\frac{c}{d}$ 当且仅当 $ad=bc$.

2. $\frac{a}{b}\cdot\frac{c}{d}=\frac{ac}{bd}$.

3. $\frac{a}{b}+\frac{c}{d}=\frac{ad+bc}{bd}$.

现在我们考虑形如 $\frac{\{\alpha\}}{\{1\}}$ 的算符，其中 $\{\alpha\}$ 为常值函数，并记

$$[\alpha]=\frac{\{\alpha\}}{\{1\}}=\frac{\{\alpha\}}{l},$$

则有

$$[\alpha]+[\beta]=[\alpha+\beta],\ [\alpha][\beta]=[\alpha\beta]. \tag{2.1}$$

事实上，因为

$$[\alpha]+[\beta]=\frac{\{\alpha\}}{l}+\frac{\{\beta\}}{l}=\frac{\{\alpha\}+\{\beta\}}{l}=\frac{\{\alpha+\beta\}}{l}=[\alpha+\beta],$$

$$[\alpha][\beta]=\frac{\{\alpha\}}{l}\cdot\frac{\{\beta\}}{l}=\frac{\{\alpha\beta t\}}{l^2}=\frac{\{\alpha\beta\}l}{l^2}=\frac{\{\alpha\beta\}}{l}=[\alpha\beta].$$

我们称 $[\alpha]$ 为数算符，它与常值函数 $\{\alpha\}$ 所对应的算符完全不同，因

$$\{\alpha\}+\{\beta\}=\{\alpha+\beta\},\{\alpha\}\cdot\{\beta\}=\{\alpha\beta t\}.$$

例如 $[2][3]=[6],\{2\}\cdot\{3\}=\{6t\}$.

由于在算符运算中，数算符 $[\alpha]$ 与数 α（而不是数函数 $\{\alpha\}$）的作用一样且运算一致，故可以不加区别地对待它们，并记 $\alpha=[\alpha]$，即公式 (2.1) 具有形式

$$\alpha+\beta=\alpha+\beta,\alpha\beta=\alpha\beta.$$

容易证明，对于任意的数 α 和任意的常值函数 $\{\beta\}$，有

$$\alpha\{\beta\} = \{\alpha\beta\}.$$

证明如下：$\alpha\{\beta\} = \dfrac{\{\alpha\}}{l} \cdot \{\beta\} = \dfrac{\{\alpha\beta t\}}{l} = \dfrac{\{\alpha\beta\}l}{l} = \{\alpha\beta\}$.

例如，我们来比较下面的等式：

$$2 \cdot 3 = 6, 2\{3\} = \{6\}, \{2\} \cdot \{3\} = \{6t\},$$

其中第一式表明数 2 和 3 的乘积是 6；第二式表明数 2 和常值函数 $\{3\}$ 的乘积是常值函数 $\{6\}$；至于最后一式，则表明两函数 $\{2\}$ 和 $\{3\}$ 的乘积（卷积）是函数 $\{6t\}$.

特别地有 $\alpha l = \{\alpha\}$.

容易看出，我们有一般公式

$$\alpha\{f(t)\} = \{\alpha f(t)\}, \tag{2.2}$$

即数与函数相乘等于这个数与函数的值相乘.

事实上，$\alpha\{f(t)\} = \dfrac{\{\alpha\}}{l}\{f(t)\} = \dfrac{\left\{\int_0^t \alpha f(\tau)d\tau\right\}}{l} = \dfrac{\{\alpha f(t)\}l}{l} = \{\alpha f(t)\}$. [①]

容易得到，对这种类型的算符有如下公式（根据交换律和结合律）：

$$(\alpha + \{f(t)\})(\beta + \{g(t)\}) = \alpha\beta + \left\{\beta f(t) + \alpha g(t) + \int_0^t f(t-\tau)g(\tau)d\tau\right\}.$$

本节最后，我们来讨论数 0 与 1. 显然有

$$1 \cdot \{f(t)\} = \{f(t)\}.$$

且我们能够证明，若 c 是一个任意的算符，则恒成立

$$1 \cdot c = c.$$

证明如下：

记 $1 = \dfrac{l}{l}, c = \dfrac{a}{b}, (a, b \in \mathbf{C}, b \neq 0)$，则

$$1 \cdot c = \frac{l}{l} \cdot \frac{a}{b} = \frac{la}{lb} = \frac{a}{b} = c.$$

---

① 对于加法不存在与(2.2)类似的公式. 数 α 和函数 $\{f(t)\}$ 的和只能写成 $\alpha + \{f(t)\}$，这个和是一个算符，它至多能化为分式形式 $\dfrac{\left\{\alpha + \int_0^t f(\tau)d\tau\right\}}{l}$.

对 0 而言，我们有公式

$$0\cdot c=0,0+c=c.$$

证明如下：

记 $0=\dfrac{\{0\}}{l}$ 与 $c=\dfrac{a}{b}$，则

$$0\cdot c=\frac{\{0\}}{l}\cdot\frac{a}{b}=\frac{\{0\}a}{lb}=\frac{\{0\}}{lb}=\frac{\{0\}b}{lb}=\frac{\{0\}}{l}=0,$$

$$c+0=\frac{a}{b}+\frac{\{0\}}{l}=\frac{al+\{0\}b}{bl}=\frac{al+\{0\}}{bl}=\frac{al}{bl}=\frac{a}{b}=c.$$

这样我们可以得到

$$\{0\}=0.$$

除此之外，对任何数 $\alpha\neq 0$，$\{\alpha\}\neq\alpha$.

§2.3　关于微分算符的有理算符

算符是可以相除的，如设

$$x=\frac{a}{b},y=\frac{c}{d},(y\neq 0),$$

则 $\dfrac{x}{y}=\dfrac{a}{b}/\dfrac{c}{d}=\dfrac{ad}{bc}$；这时分式 $\dfrac{x}{y}$ 的分子与分母是任意的算符，而不一定是函数.

我们称特例 $\dfrac{1}{y}$ 为算符 y 的逆. 我们注意，如果 y 是函数，则逆算符 $\dfrac{1}{y}$ 不可能是函数. 假若 y 和 $\dfrac{1}{y}$ 都是函数，则积 $y\cdot\dfrac{1}{y}$ 是函数. 从而数算符 1 是函数，这是不对的.

在算符演算中起基本作用的是积分算符 $l=\{1\}$ 的逆，记作 $s=\dfrac{1}{l}$. 据这一定义有 $ls=sl=1$.

定理 2.2　若函数 $a=\{a(t)\}$ 在 $[0,+\infty)$ 上有连续导函数 $a'=a'(t)$，则有

$$sa=a'+a(0),\tag{2.3}$$

其中 $a(0)$ 是函数 a 在 $t=0$ 时的值.

证明：因为 $\{a(t)\}=\left\{\int_0^t a'(\tau)d\tau\right\}+\{a(0)\}$，即

$$\{a(t)\} = l\{a'(t)\} + la(0),$$

上式两端各乘以 s,即

$$s\{a(t)\} = sl\{a'(t)\} + sla(0) = a' + a(0).$$ [①]

另外,一般来说公式(2.3)的右端 $a' + a(0)$ 不是函数,仅当 $a(0) = 0$ 时,a' 才是函数.

例 1 $s\{\sin t\} = \{\cos t\}$, $s\{e^t\} = \{e^t\} + 1$,

$s\{t^n\} = \{nt^{n-1}\}, n \geqslant 1$, $s\{t+1\} = \{1\} + 1$.

不只是可微函数才能与微分算符 s 相乘,无论 a 是可微或不可微函数,或者是任意的算符,乘积 sa 总是有意义的. 这是因为对 $x = \dfrac{a}{b}$,($a, b \in \mathbf{C}$,$b \neq 0$),有

$$sx = s\frac{a}{b} = s\frac{la}{lb} = \frac{s(la)}{lb},$$

这里 la 总是连续可微的.

这里值得特别指出的是:作为通常微积分中的微分和积分运算是不可交换的,但在算符演算中微分和积分算符的乘积则是可交换的. 正是由于微分算符对函数运算有公式(2.3). 即附加以初值,从而使算符更适用于微分方程的初值问题.

下面我们给出算符 s 的幂运算. 设 $a = \{a(t)\}$ 在 $[0, +\infty)$ 上有二阶连续导数,则

$$s^2 a = sa' + sa(0) = a'' + a'(0) + sa(0).$$

下面有一般的定理:

定理 2.3 若函数 $a = \{a(t)\}$ 在 $[0, +\infty)$ 上有 n 次连续导数,则

$$s^n a = a^{(n)} + a^{(n-1)}(0) + sa^{(n-2)}(0) + \cdots + s^{n-1}a(0),$$

或 $a^{(n)} = s^n a - s^{n-1}a(0) - \cdots - sa^{(n-2)}(0) - a^{(n-1)}(0)$.

在应用上起重要作用的是具有以下关于 s 的多项式的算符

$$\alpha_n s^n + \alpha_{n-1}s^{n-1} + \cdots + \alpha_1 s + \alpha_0, \tag{2.4}$$

其中 $\alpha_n, \alpha_{n-1}, \cdots, \alpha_1, \alpha_0$ 是任意的数,它的运算与普通代数中的运算一样. 例如

---

① 当 $a(0) = 0$ 时,则公式(2.3)为 $sa = a'$,即在这种情形下,一个函数乘以算符 s 直接表示对它的微分,正因如此,我们称算符 s 为微分算符.

$$(s-1)(s^{n-1}+s^{n-2}+\cdots+1)=s^n-1.$$

定理 2.4　若算符 s 的两个多项式彼此相等,则当且仅当它们对应的系数分别相等.

证明:设 $\alpha_n s^n+\alpha_{n-1}s^{n-1}+\cdots+\alpha_1 s+\alpha_0=\beta_n s^n+\beta_{n-1}s^{n-1}+\cdots+\beta_1 s+\beta_0$,两端同乘以 l^{n+1},有

$$\alpha_n l+\alpha_{n-1}l^2+\cdots+\alpha_0 l^{n+1}=\beta_n l+\beta_{n-1}l^2+\cdots+\beta_0 l^{n+1},$$

即对 $0\leqslant t<+\infty$,有

$$\alpha_n+\alpha_{n-1}t+\cdots+\alpha_0\frac{t^n}{n!}=\beta_n+\beta_{n-1}t+\cdots+\beta_0\frac{t^n}{n!},$$

即 $\alpha_j=\beta_j(j=0,1,2,\cdots,n)$,上面的逆推导亦真.

有了定理 2.2 和定理 2.3,我们有

$$s\{e^{\alpha t}\}=1+\alpha\{e^{\alpha t}\},$$

即

$$\{e^{\alpha t}\}=\frac{1}{s-\alpha}.\qquad(2.5)$$

从而有

$$\frac{1}{(s-\alpha)^2}=\{e^{\alpha t}\}\cdot\{e^{\alpha t}\}=\left\{\int_0^t e^{\alpha(t-\tau)}e^{\alpha\tau}d\tau\right\}=\left\{\frac{t}{1!}e^{\alpha t}\right\},$$

$$\frac{1}{(s-\alpha)^3}=\{e^{\alpha t}\}\cdot\left\{\frac{t}{1!}e^{\alpha t}\right\}=\left\{\int_0^t e^{\alpha(t-\tau)}\frac{\tau}{1!}e^{\alpha\tau}d\tau\right\}=\left\{e^{\alpha t}\int_0^t\frac{\tau}{1!}d\tau\right\}=\left\{\frac{t^2}{2!}e^{\alpha t}\right\}.$$

以此类推,有

$$\frac{1}{(s-\alpha)^n}=\left\{\frac{t^{n-1}}{(n-1)!}e^{v}\right\}.$$

特别地,令 $\alpha=0$,即得我们早已熟知的公式

$$\frac{1}{s^n}=l^n=\left\{\frac{t^{n-1}}{(n-1)!}\right\}.$$

由于有欧拉(Euler) 公式

$$\sin x=\frac{e^{ix}-e^{-ix}}{2i},\cos x=\frac{e^{ix}+e^{-ix}}{2}.$$

我们可得

$$\{e^{\alpha t}\sin\beta t\}=\frac{1}{2i}\{e^{(\alpha+i\beta)t}-e^{(\alpha-i\beta)t}\},$$

$$\{e^{\alpha t}\cos\beta t\}=\frac{1}{2}\{e^{(\alpha+i\beta)t}+e^{(\alpha-i\beta)t}\}.$$

由公式(2.5) 得到

$$\left\{\frac{1}{\beta}e^{\alpha t}\sin\beta t\right\}=\frac{1}{2\beta}\left(\frac{1}{s-\alpha-\beta i}-\frac{1}{s-\alpha+\beta i}\right)=\frac{1}{(s-\alpha)^2+\beta^2},$$

$$\{e^{\alpha t}\cos\beta t\}=\frac{1}{2}\left(\frac{1}{s-\alpha-\beta i}+\frac{1}{s-\alpha+\beta i}\right)=\frac{s-\alpha}{(s-\alpha)^2+\beta^2}.$$

因此得到公式

$$\frac{1}{(s-\alpha)^2+\beta^2}=\left\{\frac{1}{\beta}e^{\alpha t}\sin\beta t\right\},(\beta>0),$$

$$\frac{s-\alpha}{(s-\alpha)^2+\beta^2}=\{e^{\alpha t}\cos\beta t\}. \tag{2.6}$$

利用卷积运算,得到

$$\frac{1}{((s-\alpha)^2+\beta^2)^2}=\left\{\frac{1}{\beta^2}\int_0^t e^{\alpha(t-\tau)}\sin(\beta(t-\tau))e^{\alpha\tau}\sin(\beta\tau)d\tau\right\}$$

$$=\left\{\frac{e^{\alpha t}}{2\beta^2}\left(\frac{1}{\beta}\sin(\beta t)-t\cos(\beta t)\right)\right\},$$

一般公式比较复杂的,在此略去.

在公式(2.6) 中,令 $\alpha=0$,有

$$\frac{1}{s^2+\beta^2}=\left\{\frac{1}{\beta}\sin\beta t\right\},(\beta>0),$$

$$\frac{s}{s^2+\beta^2}=\{\cos\beta t\}. \tag{2.7}$$

从以上可得出关于微分算符 s 的有理算符

$$\frac{\eta_m s^m+\cdots+\eta_1 s+\eta_0}{\delta_n s^n+\cdots+\delta_1 s+\delta_0} \tag{2.8}$$

的有关结论,其中 $\eta_m,\cdots,\eta_1,\eta_0,\delta_n,\cdots,\delta_1,\delta_0$ 是复数并且 $\delta_n\neq 0$.

由代数学知道,若 $m<n$ 且 η_i 和 δ_j 是实数,则表达式(2.8) 可以分解为下列类型的简单分式之和

$$\frac{1}{(s-\alpha)^p},\frac{1}{((s-\alpha)^2+\beta^2)^p},\frac{s}{((s-\alpha)^2+\beta^2)^p},$$

其中 α,β 也是实数，而 p 是自然数. 前两类型的式子可用指数函数和三角函数表示出来，而后一类型的式子仅多乘了一个因子 s，所以它可借助于前两类型的式子表示出来. 例如

$$\frac{s}{((s-\alpha)^2+\beta^2)^2}=s\left\{\frac{e^{\alpha t}}{2\beta^2}\left(\frac{1}{\beta}\sin(\beta t)-t\cos(\beta t)\right)\right\},$$

因为 $t=0$ 时，上式{　}内的函数等于零，而该函数的导数具有形式

$$\frac{e^{\alpha t}}{2\beta^2}\left((\alpha+\beta^2 t)\ \frac{1}{\beta}\sin(\beta t)-\alpha t\cos(\beta t)\right),$$

故

$$\frac{s}{((s-\alpha)^2+\beta^2)^2}=\left\{\frac{e^{\alpha t}}{2\beta^2}\left((\alpha+\beta^2 t)\ \frac{1}{\beta}\sin(\beta t)-\alpha t\cos(\beta t)\right)\right\}.$$

每一个有理式(式 2.8) 经过分解后都可化成指数函数与三角函数的代数和，在有理分式分解的过程中，使用待定系数法最为适宜.

例 2　计算$\frac{s+1}{s^2+2s}$.

解: 由于$\frac{s+1}{s^2+2s}=\frac{s+1}{s(s+2)}=\frac{A}{s}+\frac{B}{s+2}$，即

$s+1=(A+B)s+2A$,

则由 $A+B=1$ 和 $2A=1$，得 $A=B=\frac{1}{2}$，故

$$\frac{s+1}{s^2+2s}=\frac{1}{2}\ \frac{1}{s}+\frac{1}{2}\ \frac{1}{s+2}=\frac{1}{2}l+\frac{1}{2}\{e^{-2t}\}=\left\{\frac{1}{2}+\frac{1}{2}e^{-2t}\right\}.$$

例 3　计算$\frac{5s+3}{(s-1)(s^2+2s+5)}$.

解: 因为$\frac{5s+3}{(s-1)(s^2+2s+5)}=\frac{A}{s-1}+\frac{B(s+1)+C}{(s+1)^2+4}$，以 $(s-1)(s^2+2s+5)$ 乘等式两端并比较 s 的同次幂系数，得

$$A=1, B=-1, C=3.$$

于是

$$\frac{5s+3}{(s-1)(s^2+2s+5)}=\frac{1}{s-1}-\frac{s+1}{(s+1)^2+4}+\frac{3}{(s+1)^2+4}$$

$$=\{e^t\}-\{e^{-t}\cos 2t\}+\left\{\frac{3}{2}e^{-t}\sin 2t\right\}$$

$$=\left\{e^{t}-e^{-t}\cos 2t+\frac{3}{2}e^{-t}\sin 2t\right\}.$$

例 4 计算$\frac{1}{s(2s+1)^3}$.

解:因为$\frac{1}{s(2s+1)^3}=\frac{A}{s}+\frac{B}{s+1/2}+\frac{C}{(s+1/2)^2}+\frac{D}{(s+1/2)^3}$

$$=\frac{8(A(s+1/2)^3+Bs(s+1/2)^2+Cs(s+1/2)+Ds)}{s(2s+1)^3},$$

比较分子上同次幂的系数并解得

$$A=1,B=-1,C=-\frac{1}{2},D=-\frac{1}{4}.$$

故

$$\frac{1}{s(2s+1)^3}=\frac{1}{s}-\frac{1}{s+1/2}-\frac{1}{2(s+1/2)^2}-\frac{1}{4(s+1/2)^3}$$

$$=\left\{1-e^{-\frac{t}{2}}-\frac{1}{2}te^{-\frac{t}{2}}-\frac{1}{8}t^2e^{-\frac{t}{2}}\right\}$$

$$=\left\{1-\frac{1}{8}(8+4t+t^2)e^{-\frac{t}{2}}\right\}.$$

若 $m\geqslant n$,则式(2.8)可写成算符 s 的多项式与一个分子的次数低的分式的和,于是可以利用简单分式的分解方法.

例 5 计算$\frac{s^3}{s-1}$.

解:$\frac{s^3}{s-1}=s^2+s+1+\frac{1}{s-1}=s^2+s+1+\{e^t\}$.

在本节的最后,我们将直接给出关于微分算符 s 的有理算符(2.8)的一个有趣结论.

定理 2.5 存在这样的函数 $q=\{q(t)\}\in \boldsymbol{C}$,它与每个异于零的算符(2.8)的乘积仍为 $\boldsymbol{C}$ 中函数,且在 $t=0$ 的右侧某邻域①中异于零.

例如取

---

① 作者曾在一文中证明几个引理后,得到比定理 2.5 更深刻的结论,即定理 2.5 结论中的右侧某邻域可改为任一右侧邻域.

$$q(t)=\begin{cases}e^{-\frac{1}{t}}, & 0<t<+\infty,\\ 0, & t=0\end{cases}$$

即可.

§2.4 不连续函数及其移动算符

在$[0,+\infty)$上的(复值或实值)函数$\{f(t)\}$属于类$\mathfrak{R}$,若有

(1) 在每个有限区间上至多有有限个不连续点.

(2) 对每一个$t>0$,积分$\int_0^t|f(\tau)|d\tau$的值恒为有限.

若$f=\{f(t)\}\in\mathfrak{R}$,则根据卷积的定义,我们有

$$lf=\{1\}\cdot\{f(t)\}=\left\{\int_0^t f(\tau)d\tau\right\},$$

右端的积分恒表示一个连续函数,以a表示之.

我们有$lf=a$,因此

$$f=\frac{a}{l},$$

于是每个类$\mathfrak{R}$中的函数均可视为算符,因为它是类$\boldsymbol{C}$中的两个函数(在卷积的逆运算意义下)的商,并且容易证明$\mathfrak{R}$中函数的加、减、数乘以及卷积仍在类$\mathfrak{R}$中且规定$\mathfrak{R}$中两个函数相等当且仅当在两函数的共有连续点上相等.

对每个$\lambda>0$,定义Euler定理的$\Gamma(\lambda)$积分为

$$\Gamma(\lambda)=\int_0^{+\infty}t^{\lambda-1}e^{-t}dt \tag{2.9}$$

以及

$$l^{\lambda}=\{t^{\lambda-1}/\Gamma(\lambda)\}. \tag{2.10}$$

利用分部积分容易得到

(1) $\Gamma(\lambda+1)=\lambda\Gamma(\lambda)$.

(2) 对于自然数n,$\Gamma(n)=(n-1)!$.

由公式(2.9)和(2.10)能够推得

$$(s-\alpha)^{-\lambda}=\{t^{\lambda-1}e^{\alpha t}/\Gamma(\lambda)\}. \tag{2.11}$$

定理 2.6 若类 $\boldsymbol{C}$ 中的函数 a 具有导函数 $a'\in\mathfrak{R}$,则

$$sa=a'+a(0), \tag{2.12}$$

其中 $a(0)$ 是函数 a 在 $t=0$ 时的值.

这一定理是定理 2.2 的推广,其证明则完全相同.①

例如取

$$a(t)=\begin{cases}0, & 0\leqslant t<1,\\ 1, & 1\leqslant t<\infty,\end{cases}$$

这函数除了在点 $t=1$ 外的每点都可微,且 $a'=\{0\,|\,当 t\neq 1 时\}$,即导函数 a' 在 $t=1$ 处无定义,而在其余各处为零.据类 $\mathfrak{R}$ 中函数相等的定义,有 $a'=0$. 可以看出,这样的函数 a 不适合公式(2.12)(否则由 Titchmarsh 定理导出矛盾).

下面给出 Heaviside 函数(或称为跳跃函数):

$$H_\lambda(t)=\begin{cases}0, & 0\leqslant t<\lambda,\\ 1, & \lambda\leqslant t<\infty.\end{cases}$$

在算符演算中具有重要作用的是跳跃函数及其与之相联系的算符

$$h^\lambda=S\{H_\lambda(t)\},\quad(\lambda>0), \tag{2.13}$$

它被称为移动算符.

定理 2.7 若 $f=\{f(t)\}$ 是(类 $\mathfrak{R}$ 中)任意函数,则

$$h^\lambda\{f(t)\}=\begin{cases}0, & 0\leqslant t<\lambda,\\ f(t-\lambda), & 0\leqslant\lambda<t.\end{cases}$$

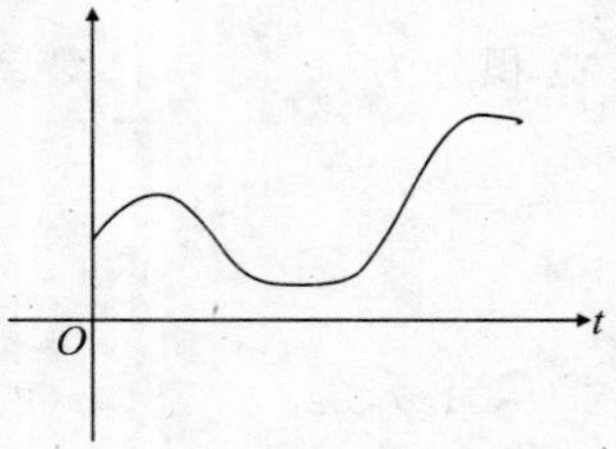

(a) 函数 $\{f(t)\}$ 的图形 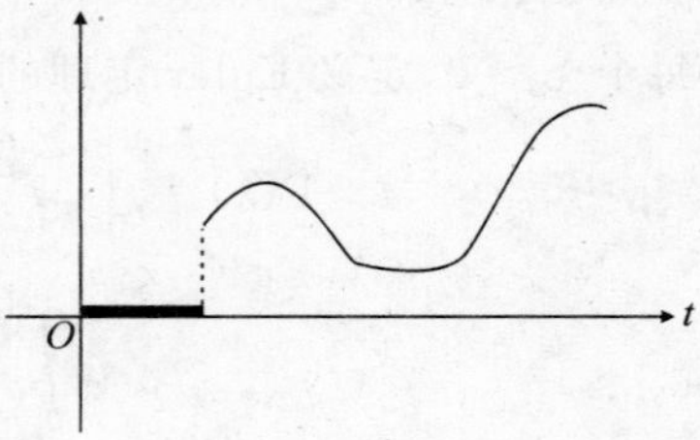　　(b) 函数 $h^\lambda\{f(t)\}$ 的图形

图 2-1

① 注:在定理 2.6 中,若仅设 $a\in\mathfrak{R}$,则结论不成立.

容易验证等式

$$h^{\lambda}h^{\mu} = h^{\lambda+\mu}(\lambda > 0, \mu < 0). \tag{2.14}$$

并令 $h^{0} = 1$ 和 $h^{-\lambda} = \frac{1}{h^{\lambda}}(\lambda > 0)$，从而可得对一切 λ, μ 均有公式(2.14). [①]

例 1　算符 $\frac{1-h^{\lambda}}{s}$ 等于函数 $(1-h^{\lambda})I = \{1 - H_{\lambda}(t)\}$，其图形由图 2-2 表示.

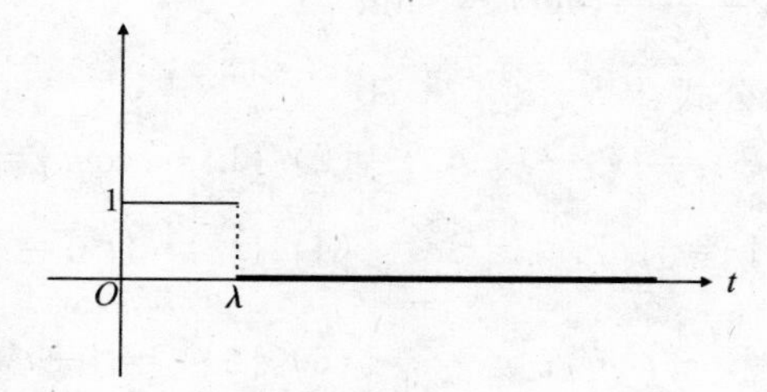

图 2-2

例 2　算符 $(1 - h^{\alpha} - h^{\beta} + h^{\alpha+\beta})/s^{2}$ 表示的函数如图 2-3 所示.

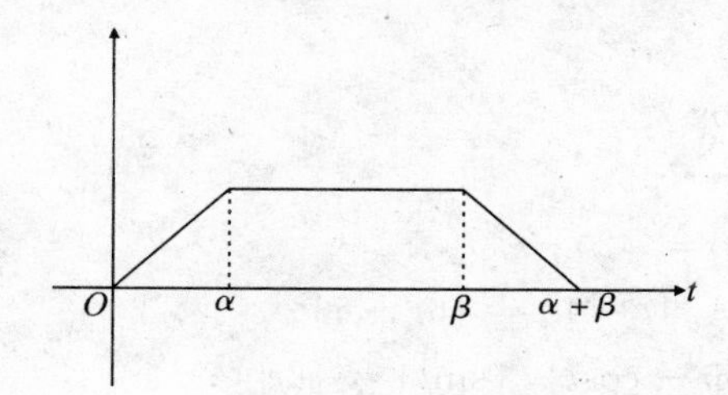

图 2-3

---

① 一般而言，函数的左平移不能进行，即 $h^{-\lambda}\{f(t)\}$ 为一个算符，仅当函数 $\{f(t)\}$ 在 $0 \leqslant t < \alpha$ 上等于零，则 $h^{-\lambda}\{f(t)\}$ 仍为原函数 $(0 \leq \lambda < \alpha)$，即左平移不能够实现.

习题 2

1. 计算下列函数对的卷积：

(1) $a(t)=e^{\alpha t}, b(t)=1-\alpha t$；

(2) $a(t)=\sqrt{1+t}, b(t)=1$；

(3) $a(t)=1, b(t)=\sqrt{1+t}$；

(4) $a(t)=\dfrac{e^{t}-e^{-t}}{2}, b(t)=\sin t$.

2. 验证下列公式：

(1) $\{1\}\cdot\{e^{t}\}=\{e^{t}-1\}$；　(2) $\{1\}\cdot\{\cos t\}=\{\sin t\}$；

(3) $\{1\}\cdot\{1\}=\{t\}$；　(4) $\{t^{2}\}\cdot\{t^{3}\}=\left\{\dfrac{1}{6}t^{6}\right\}$；

(5) $\{e^{t}\}^{2}=\left\{\dfrac{1}{2}t^{2}e^{t}\right\}$；　(6) $\{2\}^{5}=\left\{\dfrac{4}{3}t^{4}\right\}$.

3. 计算：

(1) $l^{2}\{n\sin nt\}$；

(2) $l^{2}\{ne^{-nt}\}$；

(3) $l^{3}\{n^{2}\cos nt\}$.

4. 验证等式：

(1) $\{t^{2}\}/\{t\}=\{2\}$；

(2) $\{t^{3}-6t\}/\{t-1\}=\{6t+6\}$；

(3) $\{e^{t}-\sin t-\cos t\}/\{\sin t\}=\{2e^{t}\}$；

(4) $\dfrac{\{1\}}{\{\cos t\}}+\dfrac{\{3t^{2}\}}{\{2\}}=\dfrac{\{2t\}}{\{\sin 2t\}}$；

(5) $(1+\{4t\})(1+2\{\cos 2t-\sin 2t\})=1+\{2\}$；

(6) $(1+\{t\})(1-\{\sin t\})=1$；

(7) $s^{2}\{\sin t\}=1-\{\sin t\}$；

(8) $s^{2}\{\cos t\}=s-\{\cos t\}$；

(9) $1+s+s^{2}+\cdots+s^{n-1}=(s^{n-1})\{e^{t}\}$.

5. 将下列表示式写成指数函数和三角函数的代数和：

(1) $\dfrac{1}{2s^{2}-2s+5}$；　(2) $\dfrac{3s-4}{s^{2}-s-6}$；　(3) $\dfrac{s^{3}+2s-6}{s^{2}-s-2}$.

6. 证明等式：

(1) $\dfrac{\alpha-\beta}{(s-\alpha)(s-\beta)}=\{e^{\alpha t}-e^{\beta t}\}$；

(2) $\dfrac{s}{(s^2+\alpha^2)(s^2+\beta^2)}=\left\{\dfrac{1}{\alpha^2-\beta^2}(\cos\beta t-\cos\alpha t)\right\}$，其中 $\alpha^2\neq\beta^2$.

7. 设 $f_\lambda(\lambda>0)$ 表示在区间 $[0,\lambda)$ 取值为零，而在区间 $[\lambda,+\infty)$ 取值为 1 的函数，证明

$$f_\lambda\cdot f_\mu=lf_{\lambda+\mu}(\lambda>0,\mu>0).$$

第3章

直接方法和拉普拉斯(Laplace)变换

本章用直接方法给出 Laplace 变换,直接方法即为 Mikusinski 的算符演算方法,它无需重积分和复变函数的积分理论而直接通过算符演算给出 Laplace 变换及其基本结论.

§3.1 Laplace 变换

我们理解广义积分为

$$\int_0^{\infty} e^{-\lambda s} f(\lambda)d\lambda = \lim_{\beta\to\infty}\int_0^{\beta} e^{-\lambda s} f(\lambda)d\lambda, \tag{3.1}$$

其中 f 是类 $\mathfrak{R}$ 中的任意函数.

由于函数 $f(\lambda)$ 在区间$[\lambda_1,\lambda_2]$上取数值,则

$$\int_{\lambda_1}^{\lambda_2} e^{-\lambda s} f(\lambda)d\lambda = \begin{Bmatrix} f(t), & \lambda_1 < t < \lambda_2, \\ 0, & \text{其余}, \end{Bmatrix} \tag{3.2}$$

其中 $0 \leqslant \lambda_1 < \lambda_2$,这里 s 为微分算符.

事实上,我们对 $\lambda_1 = 0$,由于 $e^{-\lambda s} = s\{h(\lambda,t)\}$,这里

$$h(\lambda,t) = \begin{cases} 0, & 0 \leqslant t < \lambda, \\ 1, & 0 \leqslant \lambda < t, \end{cases}$$

故

$$\int_0^{\lambda_2} e^{-\lambda s} f(\lambda)d\lambda = s\left\{\int_0^{\lambda_2} h(\lambda,t)f(\lambda)d\lambda\right\}$$

$$= s\left\{\int_0^{t} g(\lambda_2,\lambda)d\lambda\right\} = \{g(\lambda_2,t)\},$$

其中

$$g(\lambda,t)=\begin{cases}f(t), & 0\leqslant t<\lambda,\\ 1, & 0\leqslant\lambda<t.\end{cases}$$

对一般情形,只需注意到

$$\int_{\lambda_1}^{\lambda_2}e^{-\lambda s}f(\lambda)d\lambda=\int_0^{\lambda_2}e^{-\lambda s}f(\lambda)d\lambda-\int_0^{\lambda_1}e^{-\lambda s}f(\lambda)d\lambda$$

即可.

若函数 $f(\lambda)$ 是以 $2\lambda_0$ 为周期的周期函数,则有

$$\{f(t)\}=\frac{\int_0^{2\lambda_0}e^{-\lambda s}f(\lambda)d\lambda}{1-e^{-2\lambda_0 s}},$$

分子上的积分表示函数在点 $t=2\lambda_0$ 处的切割,因而是函数的一个周期,而分母引起函数自身以 $2\lambda_0$ 为周期的无限次重复.

例如,我们有

$$\{\sin t\}=\frac{\int_0^{2\pi}e^{-\lambda s}f(\lambda)d\lambda}{1-e^{-2\pi s}},$$

经过 2 次分部积分,我们得到熟知的公式 $\{\sin t\}=\frac{1}{s^2+1}$.

式(3.1) 右端

$$\int_0^{\beta}e^{-\lambda s}f(\lambda)d\lambda=\left\{\begin{matrix}f(t) & 0\leqslant t<\beta,\\ 0 & \beta\leqslant t<\infty.\end{matrix}\right\}$$

因此,写成极限即为

$$\int_0^{\infty}e^{-\lambda s}f(\lambda)d\lambda=\{f(t)\}. \tag{3.3}$$

这个极限对于类 $\mathfrak{R}$ 中的每一个函数当然总是存在的.

我们暂且把积分(3.3) 中字母 s 不看作微分算符而看作普通的复数,这时,这个积分如果收敛,将表示变量 s 的一个解析函数. 这样,对每个函数 f,如果所考虑的积分收敛,我们就可以指定一个解析函数

$$F(s)=\int_0^{\infty}e^{-st}f(t)dt \tag{3.4}$$

与之对应,我们称这种对应为 Laplace 变换.

下面我们应用 Laplace 变换来求常微分方程的初值问题,求

$$\begin{cases}x'(t)-x(t)=e^t,\\ x(0)=1\end{cases}$$

的解.

有等式

$$\int_0^\infty e^{-st}(x'(t)-x(t))dt=\int_0^\infty e^{-st}e^t dt,$$

这里算符 s 看作一个复变量.

经过分部积分,得到

$$\int_0^\infty e^{-ts}x'(t)dt=(e^{-ts}x(t)\,|_0^\infty+s\int_0^\infty e^{-ts}x(t)dt. \tag{3.5}$$

若假设函数 $x(t)$ 递升得不太快,则将有

$$(e^{-ts}x(t)\,|_0^\infty=-x(0)=-1,$$

且有

$$\int_0^\infty e^{-ts}x'(t)dt=-1+x(s),$$

其中 $x(s)=s\int_0^\infty e^{-ts}x(t)dt$.

考虑到等式

$$\int_0^\infty e^{-ts}e^t dt=\frac{1}{s-1}.$$

我们把方程(3.5)写成

$$s\cdot x(s)-x(s)=1+\frac{1}{s-1},$$

容易算得 $x(s)=\dfrac{s}{(s-1)^2}$.

现在问题归结到寻找合适的积分方程

$$\int_0^\infty e^{-ts}x(t)dt=\frac{s}{(s-1)^2}$$

的函数 $x(t)$,这可用逆变换:

$$x(t)=\frac{1}{2\pi i}\int_{\alpha-i\infty}^{\alpha+i\infty}e^{-st}\cdot\frac{s}{(s-1)^2}ds$$

来完成,其中积分路线是一条平行于虚轴并位于虚轴右侧的直线,并利用留数方法算出 $x(t)=(1+t)e^t$;但本书的目的正是要避开复变函数积分中的留数理论来讲述积分变换.因此,上述的逆变换我们将不用复变函数积分给出,而直接由复变函数的导数和极限给出,这即为本章§3中所述的著名的Post定理.

例 1　求单位跳跃函数的拉氏变换.

解:由 Laplace 变换定义有

$$\int_0^{+\infty} e^{-st}dt = -\frac{1}{s}e^{-st}\Big|_0^{+\infty} = \frac{1}{s},$$

(这个积分$\int_0^{+\infty} e^{-st}dt$ 在区域 $\mathrm{Re}(s) > 0$ 上收敛,故跳跃函数 l 的拉氏变换为$\frac{1}{s}(\mathrm{Re}(s) > 0)$.

例 2　求指数函数 $f = \{e^{kt}\}$的 Laplace 变换(k 为实数).

解:由于

$$\int_0^{+\infty} e^{kt}e^{-st}dt = \int_0^{+\infty} e^{(k-s)t}dt,$$

这个积分在 $\mathrm{Re}(s) > k$ 时收敛,而且有

$$\int_0^{+\infty} e^{-(s-k)t}dt = \frac{1}{s-k},$$

即 f 的 Laplace 变换为$\frac{1}{s-k}(\mathrm{Re}(s) > k)$.

例 3　求正弦函数 $f = \{\sin kt\}$(k 为实数)的拉氏变换.

解:由于

$$\int_0^{+\infty} \sin kt e^{-st}dt = \frac{e^{-st}}{s^2+k^2}(-s\sin kt - k\cos kt)\Big|_0^{+\infty}$$

$$= \frac{k}{s^2+k^2}(\mathrm{Re}(s) > 0),$$

即正弦函数$\{\sin kt\}$的拉氏变换为$\frac{k}{s^2+k^2}(\mathrm{Re}(s) > 0)$.

同理,余弦函数$\{\cos kt\}$的拉氏变换为$\frac{s}{s^2+k^2}(\mathrm{Re}(s) > 0)$.

由此我们也知道函数$\frac{k}{s^2+k^2}$,$\frac{s}{s^2+k^2}$的拉氏变换的逆变换分别为$\{\sin kt\}$和$\{\cos kt\}$.

例 4　求周期性三角波函数 $f = \{f(t)\}$的拉氏变换,其中

$$f(t) = \begin{cases} t, & 0 \leqslant t < b, \\ 2b - t, & b \leqslant t < 2b, \end{cases}$$

且 $f(t + 2b) = f(t)$(见图 3-1).

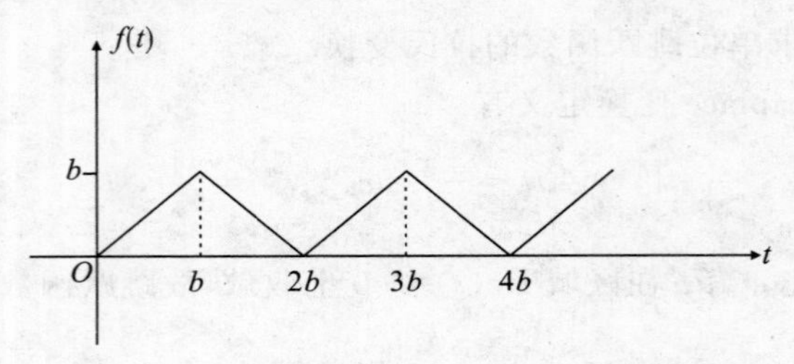

图 3-1

解：因为$\int_0^{+\infty} f(t)e^{-st}dt$

$$= \int_0^{2b} f(t)e^{-st}dt + \int_{2b}^{4b} f(t)e^{-st}dt + \int_{4b}^{6b} f(t)e^{-st}dt + \cdots +$$

$$\int_{2kb}^{2(k+1)b} f(t)e^{-st}dt + \cdots = \sum_{k=0}^{+\infty} \int_{2kb}^{2(k+1)b} f(t)e^{-st}dt.$$

令 $t = \tau + 2kb$，则

$$\int_{2kb}^{2(k+1)b} f(t)e^{-st}dt = \int_0^{2b} f(\tau + 2kb)e^{-s(\tau+2kb)}d\tau = e^{-2kbs}\int_0^{2b} f(\tau)e^{-s\tau}d\tau,$$

而

$$\int_0^{2b} f(t)e^{-st}dt = \int_0^b te^{-st}dt + \int_b^{2b} (2b-t)e^{-st}dt = \frac{1}{s^2}(1-e^{-bs})^2,$$

故$\{f(t)\}$的 Laplace 变换为

$$\sum_{k=0}^{\infty} e^{-2kbs}\int_0^{2b} f(t)e^{-st}dt = \int_0^{2b} f(t)e^{-st}dt\left(\sum_{k=0}^{\infty} e^{-2kbs}\right).$$

由于当 $\mathrm{Re}(s) > 0$ 时，有

$$|e^{-2bs}| = e^{-\beta 2b} < 1,$$

所以

$$\sum_{k=0}^{\infty} e^{-2kbs} = \frac{1}{1-e^{-2bs}},$$

从而得$\{f(t)\}$的 Laplace 变换为

$$\frac{1}{1-e^{-2bs}}\int_0^{2b} f(t)e^{-st}dt = \frac{1}{1-e^{-2bs}}(1-e^{-bs})^2\frac{1}{s^2} = \frac{1}{s^2}\frac{1-e^{-bs}}{1+e^{-bs}}.$$

一般地，以 T 为周期的函数$\{f(t)\}$，即对 $t > 0$，有 $f(t+T) = f(t)$，当 $f(t)$ 在一个周期上是分段连续时，则有$\{f(t)\}$的 Laplace 变换为

$$\frac{1}{1-e^{-st}}\int_0^T f(t)e^{-st}dt, (\mathrm{Re}(s) > 0),$$

这就是求周期函数的 Laplace 变换的公式.

下面介绍一个在工程上和电子学上都极为重要的函数,即所谓 $\delta-$ 函数,数学中它又被称为“广义函数”,但要完全讲清楚这个函数,需要应用一些超出工科院校工程数学教学大纲范围的知识. 在 Laplace 变换中为方便起见,我们仅把 $\delta-$ 函数看作是弱收敛函数序列的弱极限. 关于弱极限,读者可不必深究. 所谓 $\delta-$ 函数 $\delta(t)$ 为具有下述性质的函数,即对于任何一个无穷次可微函数 $f = \{f(t)\}$ 有

$$\int_{-\infty}^{+\infty} \delta(t) f(t) dt = \lim_{\varepsilon \to 0} \int_{-\infty}^{+\infty} \delta_\varepsilon(t) f(t) dt,$$

其中

$$\delta_\varepsilon(t) = \begin{cases} 0, & t < 0, \\ \dfrac{1}{\varepsilon}, & 0 \leqslant t \leqslant \varepsilon, \\ 0, & t > \varepsilon, \end{cases}$$

亦即称 $\delta_\varepsilon(t)$ 的弱极限为 $\delta-$ 函数,记作 $\delta = \{\delta(t)\}$,且 $\delta-$ 函数还具有如下结论:

(1) $\displaystyle\int_{-\infty}^{+\infty} \delta(t) dt = 1$;

(2) 对每个无穷可微函数 $f = \{f(t)\}$,有

$$\int_{-\infty}^{+\infty} \delta(t) f(t) dt = f(0).$$

* **例 5**　求单位脉冲函数 $\delta(t)$ 的 Laplace 变换.

解: 由于

$$\int_{0}^{+\infty} \delta(t) e^{-st} dt = \int_{0}^{+\infty} - \delta(t) e^{-st} dt = \int_{-\infty}^{+\infty} \delta(t) e^{-st} dt = e^{-st} \big|_{t=0} = 1,$$

即 $\delta = \{\delta(t)\}$ 的 Laplace 变换为 1.

* **例 6**　求函数 $f(t) = e^{-\beta t}\delta(t) - \beta e^{-\beta t} u(t) (\beta > 0)$ 的 Laplace 变换,其中 $\{u(t)\} = 1$ 为单位跳跃函数.

解: 由于

$$\begin{aligned} \int_{0}^{+\infty} f(t) e^{-st} dt &= \int_{0}^{+\infty} (e^{-\beta t}\delta(t) - \beta e^{-\beta t} u(t)) e^{-st} dt \\ &= \int_{0}^{+\infty} \delta(t) e^{-(s+\beta)t} dt - \beta \int_{0}^{+\infty} e^{-(s+\beta)t} dt \\ &= e^{-(s+\beta)t} \big|_{t=0} + \left.\frac{\beta e^{-(s+\beta)t}}{s+\beta}\right|_{t=0}^{t=+\infty} \end{aligned}$$

$$= 1 - \frac{\beta}{s+\beta} = \frac{s}{s+\beta}.$$

在实际工作中，很多函数的 Laplace 变换未必都需通过求广义积分求得，而只需查阅现成的 Laplace 变换表即可.

§3.2 Laplace 变换的基本性质

上节我们已经得到

$$\int_0^\infty e^{-\lambda s} f(\lambda) d\lambda = \{f(t)\},$$

这一公式是对类 $\mathfrak{R}$ 中的函数证明的，但对每一个局部可积函数 f(λ)，此公式也成立，其证明是相同的.

积分
$$\int_0^\infty e^{-s\lambda} f(\lambda) d\lambda \tag{3.6}$$
在算符意义下恒为收敛（由于我们的目的不是研究算符，加上算符意义下的收敛概念较为简单，在此就不提及了），如果把(3.6) 中的 s 看作一个复变数(而不作为微分算符)，则(3.6) 是一个复变函数的积分，它可以收敛，也可以不收敛. 此外，收敛性可以理解为普通意义下的收敛或绝对收敛. 我们约定，只考虑在应用上非常重要的绝对收敛的情形.

令 S^3 为使积分(3.6) 对某一复数 s_0 绝对收敛的局部可积函数 f 的类，则对于每一个使得 $\mathrm{Re}(s) > \mathrm{Re}(s_0)$ 的 s，这个积分也收敛，这可由下列不等式得知：

$$|e^{-s\lambda} f(\lambda)| \leqslant |e^{-s_0\lambda} f(\lambda)| \, (\mathrm{Re}(s) > \mathrm{Re}(s_0)).$$

于是(3.6) 表示一个复变数 s 的函数 $F(s)$，它定义在半平面 $\mathrm{Re}(s) > \mathrm{Re}(s_0)$ 上，记

$$F(s) = \mathscr{L}(f(t)) = \int_0^\infty e^{-s\lambda} f(\lambda) d\lambda,$$

且称 S^3 中函数 $f = \{f(t)\}$ 与函数 $F(s)$ 之间的对应为 Laplace 变换，这又从集合映射的角度给出了 Laplace 变换的定义.

性质 3.1 若 α, β 是常数，且

$$\mathscr{L}(f_1(t)) = F_1(s), \mathscr{L}(f_2(t)) = F_2(s),$$

则

$$\mathscr{L}(\alpha f_1(t)+\beta f_2(t))=\alpha\,\mathscr{L}(f_1(t))+\beta\,\mathscr{L}(f_2(t))=\alpha F_1(s)+\beta F_2(s).$$

这个性质表明函数线性组合的拉氏变换等于函数拉氏变换的线性组合,它只需 Laplace 变换定义和积分性质即可被证明.

性质 3.2　若 $\mathscr{L}(f(t))=F(s)$,则

$$\mathscr{L}(f'(t))=sF(s)-f(0). \tag{3.7}$$

证明:根据拉氏变换的定义,有

$$\mathscr{L}(f'(t))=\int_0^{+\infty}f'(t)e^{-st}dt.$$

对右端的广义积分利用分部积分法,可得

$$\begin{aligned}\int_0^{+\infty}f'(t)e^{-st}dt&=f(t)e^{-st}\Big|_0^{+\infty}+s\int_0^{+\infty}f(t)e^{-st}dt\\&=s(f(t))-f(0)(\mathrm{Re}(s)>0).\end{aligned}$$

这个性质表明了一个函数求导后取拉氏变换等于这个函数的拉氏变换乘以参变数 s,再减去函数的初值.

推论　若 $\mathscr{L}(f(t))=F(s)$,则

$$\mathscr{L}(f^{(n)}(t))=s^nF(s)-s^{n-1}f(0)-s^{n-2}f'(0)-\cdots-f^{(n-1)}(0),$$
$$(\mathrm{Re}(s)>0). \tag{3.8}$$

特别,当初值 $f(0)=f'(0)=\cdots=f^{(n-1)}(0)=0$ 时,有

$$\mathscr{L}(f'(t))=sF(s),\mathscr{L}(f''(t))=s^2F(s),\cdots,\mathscr{L}(f^{(n)}(t))=s^nF(s).$$

此性质使我们有可能将 $f(t)$ 的微分方程转化为 $F(s)$ 的代数方程,因此它对线性系统的研究有着非常重要的作用. 例如,利用(3.8)式求函数 $f(t)=\cos kt$ 的拉氏变换.

由于 $f(0)=1,f'(0)=0,f''(t)=-k^2\cos kt$,则由(3.8)式有

$$\mathscr{L}(-k^2\cos kt)=(f''(t))=s^2(f(t))-sf(0)-f'(0),$$

即

$$-k^2\mathscr{L}(\cos kt)=s^2\mathscr{L}(\cos kt)-s,$$

移项化简得

$$\mathscr{L}(\cos kt)=\frac{s}{s^2+k^2},(\mathrm{Re}(s)>0).$$

例 1　求函数 $f=\{f(t)\}=\{t^m\}$的拉氏变换,其中 m 是正整数.

解:由于 $f(0)=f'(0)=\cdots=f^{(m-1)}(0)=0,f^{(m)}(t)=m!$,所以

$$\mathscr{L}(m!)=\mathscr{L}(f^{(m)}(t))=s^m\mathscr{L}(f(t))-s^{m-1}f(0)-s^{m-2}f'(0)-\cdots-f^{(m-1)}(0),$$

即

$$\mathscr{L}(m!) = s^m \mathscr{L}(t^m).$$

而 $\mathscr{L}(m!) = m!\mathscr{L}(1) = \dfrac{m!}{s}$，故

$$\mathscr{L}(t^m) = \frac{m!}{s^{m+1}}, (\mathrm{Re}(s) > 0).$$

另外，我们利用分部积分法和式(3.8) 容易得到下面结论：

若 $\mathscr{L}(f(t)) = F(s)$，则

$$F^{(n)}(s) = \mathscr{L}((-t)^n f(t)), n = 1, 2, \cdots. \tag{3.9}$$

特别地，对 $n = 1$，有 $F'(s) = \mathscr{L}(-tf(t))$.

例 2 求函数 $f(t) = t\sin kt$ 的 Laplace 变换.

解：因为 $\mathscr{L}(\sin kt) = \dfrac{k}{s^2 + k^2}$，据式(3.9) 得

$$\mathscr{L}(t\sin kt) = -\frac{d}{ds}\left(\frac{k}{s^2 + k^2}\right) = \frac{2ks}{(s^2 + k^2)^2}.$$

同理可得

$$\mathscr{L}(t\cos kt) = -\frac{d}{ds}\left(\frac{s}{s^2 + k^2}\right) = \frac{s^2 - k^2}{(s^2 + k^2)^2}.$$

性质 3.3 若 $\mathscr{L}(f(t)) = F(s)$，则

$$\mathscr{L}\left(\int_0^t f(t)dt\right) = \frac{1}{s}F(s). \tag{3.10}$$

证明：设 $h(t) = \int_0^t f(t)dt$，则有

$$h'(t) = f(t) \text{ 且 } h(0) = 0.$$

由性质 3.2 得

$$\mathscr{L}(h'(t)) = s(h(t)) - h(0) = s(h(t)),$$

即

$$\mathscr{L}\left(\int_0^t f(t)dt\right) = \frac{1}{s}(f(t)) = \frac{1}{s}F(s).$$

这个性质表明了一个函数积分后再取拉氏变换等于这个函数的拉氏变换除以复参数 s.

重复应用式(3.10)，就可得到

$$\mathscr{L}\Big(\underbrace{\int_0^t dt \int_0^t dt \cdots \int_0^t}_{n\text{次}} f(t)dt\Big) = \frac{1}{s^n}F(s). \tag{3.11}$$

性质 3.4　若$(f(t)) = F(s)$,则有

$$\mathscr{L}(e^{\alpha t}f(t)) = F(s-\alpha),(\mathrm{Re}(s-\alpha) > 0). \tag{3.12}$$

证明:因为

$$\mathscr{L}(e^{\alpha t}f(t)) = \int_0^{+\infty} e^{\alpha t}f(t)e^{-st}dt = \int_0^{+\infty} f(t)e^{-(s-\alpha)t}dt.$$

由此看出,上式右端只是在 $F(s)$ 中把 s 换成了 $s-\alpha$ 而已,故

$$\mathscr{L}(e^{\alpha t}f(t)) = F(s-\alpha),(\mathrm{Re}(s-\alpha) > 0).$$

这个性质表明了一个函数乘以指数函数 $e^{\alpha t}$ 的 Laplace 变换等于原来函数的 Laplace 变换移位 α.

例 3　求 $\mathscr{L}(e^{\alpha t}t^m)$($m$ 为正整数).

解:已知 $\mathscr{L}(t^m) = \dfrac{\Gamma(m)}{s^{m+1}}$,利用式(3.12)可得

$$\mathscr{L}(e^{\alpha t}t^m) = \frac{\Gamma(m+1)}{(s-\alpha)^{m+1}}.$$

例 4　求 $\mathscr{L}(e^{-\alpha t}\sin kt)$.

解:已知 $\mathscr{L}(\sin kt) = \dfrac{k}{s^2+k^2}$,由式(3.12)得

$$\mathscr{L}(e^{-\alpha t}\sin kt) = \frac{k}{(s+\alpha)^2+k^2}.$$

性质 3.5　若 $\mathscr{L}(f(t)) = F(s)(f = \{f(t)\} \in \mathfrak{R})$,则对于任一非负实数 τ,有

$$\mathscr{L}(f(t-\tau)) = e^{-s\tau}F(s). \tag{3.13}$$

证明:因为

$$\mathscr{L}(f(t-\tau)) = \int_0^{+\infty} f(t-\tau)e^{-st}dt = \int_0^{\tau} f(t-\tau)e^{-st}dt + \int_{\tau}^{+\infty} f(t-\tau)e^{-st}dt.$$

由于当 $t < \tau$ 时,$t-\tau < 0$,即有 $f(t-\tau) = 0$,故上式右端第一个积分为零.对于第二个积分,令 $t-\tau = u$,则

$$\mathscr{L}(f(t-\tau)) = \int_0^{+\infty} f(u)e^{-s(u+\tau)}du = e^{-s\tau}\int_0^{+\infty} f(u)e^{-su}du = e^{-s\tau}F(s).$$

由于函数$\{f(t)\}$的图像向右平移 τ 个单位即得函数 $f(t-\tau)$ 的图像,在约定 $f = \{f(t)\}$ 具有当 $t < 0$ 时,$f(t) = 0$,则有$\{f(t-\tau)\} = h^{\tau}\{f(t)\}$,这里 h^{τ} 为移动算符,进而有

$$\mathscr{L}(h^{\tau}\{f(t)\}) = e^{-s\tau}F(s).$$

值得指出的是，当把 s 视作微分算符时，即有 $e^{-s\tau} = h^{\tau}$，[①]从而在算符的积分下有

$$\mathscr{L}(h^{\tau}\{f(t)\}) = e^{-s\tau}F(s) = h^{\tau}F(s) = h^{\tau}(\{f(t)\}).$$

例 5 求函数 $u(t-\tau) = \begin{cases} 0, & t < \tau, \\ 1, & t > \tau \end{cases}$ 的拉氏变换.

解：已知$(u(t)) = \dfrac{1}{s}$，根据性质 3.5 得

$$\mathscr{L}(u(t-\tau)) = \frac{1}{s}e^{-s\tau}.$$

例 6 求如图 3－2 所示的阶梯函数 $f = \{f(t)\}$ 的 Laplace 变换.

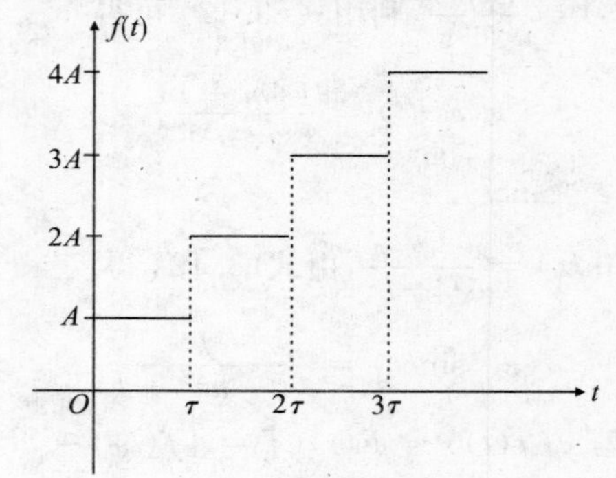

图 3-2

解：利用单位阶跃函数，可将这个阶梯函数表示为

$$f(t) = A(u(t) + u(t-\tau) + u(t-2\tau) + \cdots),$$

上式两边取拉氏变换，再由拉氏变换的性质 3.1 及性质 3.5 可得

$$\mathscr{L}(f(t)) = A\left(\frac{1}{s} + \frac{1}{s}e^{-s\tau} + \frac{1}{s}e^{-2s\tau} + \frac{1}{s}e^{-3s\tau} + \cdots\right)$$

$$= \frac{A}{s}(1 + e^{-s\tau} + e^{-2s\tau} + \cdots).$$

当 $\mathrm{Re}(s) > 0$ 时，有 $|e^{-s\tau}| < 1$，故上式右端圆括号中为一公式的模小于 1 的等比级数，从而

$$\mathscr{L}(f(t)) = \frac{A}{s}\frac{1}{1-e^{-\tau s}}.$$

---

① J · Mikusimski. *Operational Calculus*. 5th. ed. New York (1959)(有中文译本，王建午译. 上海科技出版社，1964).

§ 3.3　反演公式

在本章第 1 节中利用 Laplace 变换求解常微分方程初值问题时，归结为求解满足积分方程

$$\int_0^{+\infty} e^{-ts} x(t)\,dt = \frac{s}{(s-1)^2}$$

的函数 $x(t)$，而那里的 $x(t)$ 为 $\frac{s}{(s-1)^2}$ 的逆变换，它以复变函数积分形式给出. 本节力求避免出现复变函数积分，进而避开该积分中的留数理论，而直接借助于一元微分及其极限给出一个函数的逆变换，即所谓的 Post 反演公式.

定理 3.1　(Post 反演公式) 若对 $x > x_0$，积分

$$F(x) = \int_0^{+\infty} e^{-x\tau} f(\tau)\,d\tau \tag{3.14}$$

收敛，则

$$f(t) = \lim_{n\to\infty} \frac{(-1)^n}{n!} \left(\frac{n}{t}\right)^{n+1} F^{(n)}\left(\frac{n}{t}\right) \tag{3.15}$$

对 $f(t)$ 的每一个连续点 $t > 0$ 成立.

证明：将(3.14) 微分 n 次，对 $x = \frac{n}{t}$，我们得到

$$F^{(n)}\left(\frac{n}{t}\right) = (-1)^n \int_0^{+\infty} \tau^n \exp\left(-\frac{n\tau}{t}\right) f(\tau)\,d\tau,$$

将它代入(3.15) 的右端，我们得到

$$\lim_{n\to\infty} \frac{n^{n+1}}{e^n \cdot n!} \frac{1}{t} \int_0^{+\infty} \left(\frac{\tau}{t}\exp\left(1-\frac{t+\tau}{t}\right)\right)^n f(\tau)\,d\tau.$$

由于

$$\lim_{n\to\infty} \frac{n^n}{\sqrt{2n\pi}e^n \cdot n!} = 1,$$

要证

$$f(t) = \lim_{n\to\infty} \frac{\sqrt{2\pi}}{t} \int_0^{+\infty} n^{\frac{3}{2}} \left(\frac{\tau}{t}\exp\left(1-\frac{t+\tau}{t}\right)\right)^n f(\tau)\,d\tau, \tag{3.16}$$

令 t 和 η 是两个固定的正数，使得 $\eta < t$. 可将最后这个积分分解成三个积分

$$\int_0^{+\infty}=\int_0^{t-\eta}+\int_{t-\eta}^{t+\eta}+\int_{t+\eta}^{+\infty}=J_1+J_2+J_3.$$

因为函数 $x\exp(1-x)$ 在$[0,1]$上单调地由 0 上升到 1，于是我们有

$$\frac{t-\eta}{t}\exp(1-\frac{t-\eta}{t})=\alpha<1$$

和

$$|J_1|\leqslant n^{\frac{3}{2}}\alpha^n\int_0^{t-\eta}|f(\tau)|d\tau,$$

并推出当 $n\to\infty$时，J_1 趋于零. 因为函数 $x\exp(1-x)$ 在 $1\leq x<\infty$上单调地由 1 下降到 0，故当$\frac{\eta_0}{t}>x_0$ 时我们有

$$\frac{t+\eta}{t}\exp(1-\frac{t+\eta}{t})=\beta<1$$

和

$$|J_3|\leqslant n^{\frac{3}{2}}\beta^{n-n_0}\int_{t+\eta}^{+\infty}(\frac{\tau}{t})^{-n_0}\exp(-\frac{n_0\tau}{t})|f(\tau)|d\tau$$

$$\leqslant n^{\frac{3}{2}}\beta^n(\frac{t+\eta}{t})^{n_0}\int_{t+\eta}^{+\infty}\exp(-\frac{n_0\tau}{t})|f(\tau)|d\tau,$$

这个不等式证明了当 $n\to\infty$时，J_3 趋于零.

任给 $\varepsilon>0$ 和 f 的一个固定的连续点 t，我们可以选择 η，使得

$$f(t)-\varepsilon<f(\tau)<f(t)+\varepsilon.$$

当 $t-\eta\leqslant\tau\leqslant t+\eta$ 时，则

$$(f(t)-\varepsilon)J_0<J_2<(f(t)+\varepsilon)J_0,\tag{3.17}$$

其中

$$J_0=\int_{t-\eta}^{t+\eta}n^{\frac{3}{2}}(\frac{\tau}{t}\exp(1-\frac{t+\tau}{t}))^n d\tau.$$

特别，当 $f(t)=1$ 在$[0,+\infty)$上成立时，所有上述的讨论都正确，但这时我们有

$$F(x)=\frac{1}{x},F^{(n)}(x)=(-1)^n n!\frac{1}{x^{n+1}}$$

和

$$F^{(n)}(\frac{n}{t})=(-1)^n n!(\frac{t}{n})^{n+1},$$

把它代入(3.15)，我们发现(3.15) 是成立的. 因为(3.15) 和(3.16) 是

等价的,所以对 $f(t)=1$,公式(3.16)也必须成立.

于是,有

$$1=\lim_{n\to\infty}\frac{\sqrt{2\pi}}{t}(J_1+J_2+J_3),(f(t)=1).$$

由于像上面证明的一般情况一样,J_1 与 J_3 趋于零,且当 $f(t)=1$ 时 $J_2=J_0$,故有

$$1=\lim_{n\to\infty}\frac{\sqrt{2\pi}}{t}J_0. \tag{3.18}$$

让我们回到一般情形.因为 J_1 与 J_3 趋于零,由(3.17)同乘以 $\frac{\sqrt{2\pi}}{t}$,取极限知(3.16)中积分的极限位于 $f(t)-\varepsilon$ 和 $f(t)+\varepsilon$ 之间,由 ε 的任意性可知,这个极限等于 $f(t)$,于是公式(3.16)和公式(3.15)的等价性得到证明.①

关于 Laplace 变换公式和其反演公式见附录 Ⅱ 的拉普拉斯变换简表.

§3.4　卷积的拉普拉斯变换

关于卷积的概念在第一章中已经论述,下面给出 Laplace 变换的卷积性质,它不仅被用来求某些函数的逆变换及一些积分值,而且在线性系统分析中起着主要的作用.

定理 3.2　设 $f_1=\{f_1(t)\},f_2=\{f_2(t)\}\in\mathfrak{R}$ 且 $\mathscr{L}(f_1(t))=F_1(s)$,$\mathscr{L}(f_2(t))=F_2(s)$,则 f_1f_2 的 Laplace 变换存在且

$$\mathscr{L}(f_1f_2)=F_1(s)F_2(s).② \tag{3.19}$$

下面给出这一定理的证明,其对于熟知二重积分的读者极为简单,不知二重积分的读者来说直接记住其结论亦可.

定理 3.2 的证明:由于

---

① 公式(3.15)不仅当积分(3.14)绝对收敛时成立,而且当它在普通意义下收敛时也成立.

② 定理 3.2 即 Laplace 变换把卷积换成了普通的乘积.

$$\mathscr{L}(f_1 f_2) = \int_0^{+\infty} (\int_0^t f_1(\tau) f_2(t-\tau) d\tau) e^{-st} dt,$$

从上面这个积分式子可以看出,积分区域如图 3-3 所示(阴影部分).

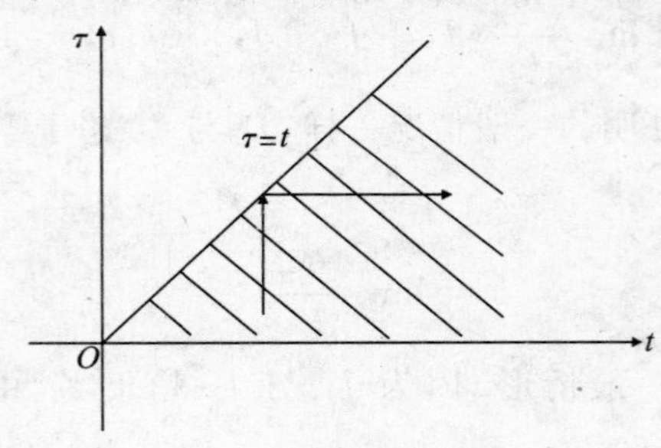

图 3-3

由于二重积分绝对可积,可以交换积分次序,即

$$\mathscr{L}(f_1 f_2) = \int_0^{+\infty} f_1(\tau) (\int_\tau^{+\infty} f_2(t-\tau) e^{-st} dt) d\tau.$$

令 $t-\tau=u$,则

$$\int_\tau^{+\infty} f_2(t-\tau) e^{-st} dt = \int_0^{+\infty} f_2(u) e^{-s(u+\tau)} du = e^{-s\tau} F_2(s).$$

所以

$$\mathscr{L}(f_1 f_2) = \int_0^{+\infty} f_1(\tau) e^{-s\tau} F_2(s) d\tau =$$

$$F_2(s) \int_0^{+\infty} f_1(\tau) e^{-s\tau} d\tau = F_2(s) F_2(s).$$

推论　若 $f_i = \{f_i(t)\} \in \Re (i=1,2,\cdots,n)$,则

$$\mathscr{L}(f_1 \cdots f_n) = F_1(s) \cdots F_n(s),$$

其中 $F_i(s) = (f_i(t))(i=1,2,\cdots,n)$.

例 1　若 $F(s) = \dfrac{1}{s^2(1+s^2)}$,求 $f(t)$.

解:因为 $F(s) = \dfrac{1}{s^2(1+s^2)} = \dfrac{1}{s^2} \cdot \dfrac{1}{1+s^2}$,取 $F_1(s) = \dfrac{1}{s^2}$,$F_2(s) = \dfrac{1}{1+s^2}$,于是

$$f_1(t) = t, f_2(t) = \sin t.$$

据定理 3.2 得

$$f = f_1 f_2,$$

即

$$f=\left\{\int_0^t f_1(t-\tau)f_2(\tau)d\tau\right\}=\{t-\sin t\},$$

故有

$$f(t)=t-\sin t.$$

例 2　若 $F(s)=\dfrac{s^2}{(s^2+1)^2}$,求 $f(t)$.

解:因为 $F(s)=\dfrac{s^2}{(s^2+1)^2}=\dfrac{s}{s^2+1}\cdot\dfrac{s}{s^2+1}$,故由 $\mathscr{L}(\cos t)=\dfrac{s}{s^2+1}$ 及定理 3.2 得

$$\begin{aligned}\{f(t)\}&=\{\cos t\}\{\cos t\}=\left\{\int_0^t\cos(t-\tau)\cos\tau d\tau\right\}\\&=\left\{\frac{1}{2}\int_0^t(\cos t+\cos(2\tau-t))d\tau\right\}\\&=\left\{\frac{1}{2}(t\cos t+\sin t)\right\},\end{aligned}$$

即

$$f(t)=\frac{1}{2}(t\cos t+\sin t).$$

例 3　若 $\mathscr{L}(f(t))=\dfrac{1}{(s^2+4s+13)^2}$,求 $f(t)$.

解:因为

$$\begin{aligned}\mathscr{L}(f(t))&=\frac{1}{(s^2+4s+13)^2}=\frac{1}{((s+2)^2+3^2)^2}\\&=\frac{1}{9}\cdot\frac{3}{(s+2)^2+3^2}\cdot\frac{3}{(s+2)^2+3^2},\end{aligned}$$

根据性质 3.4(或由第二章中关于 s 的公式)有

$$(e^{-2t}\sin 3t)=\frac{3}{(s+2)^2+3^2},$$

故由定理 3.2 有

$$\begin{aligned}f&=\frac{1}{9}\{e^{-2t}\sin 3t\}\cdot\{e^{-2t}\sin 3t\}\\&=\frac{1}{9}\left\{\int_0^t e^{-2\tau}(\sin 3\tau)e^{-2(t-\tau)}\sin 3(t-\tau)d\tau\right\}\\&=\frac{1}{9}\left\{e^{-2t}\int_0^t\sin 3\tau\sin 3(t-\tau)d\tau\right\}\end{aligned}$$

$$= \frac{1}{9}\left\{e^{-2t}\int_0^t \frac{1}{2}(\cos(6\tau - 3t) - \cos 3t)d\tau\right\}$$

$$= \frac{1}{18}\left\{e^{-2t}\left(\frac{\sin(6\tau - 3t)}{6} - \tau\cos 3t\right)\bigg|_0^t\right\}$$

$$= \frac{1}{54}\{e^{-2t}(\sin 3t - 3t\cos 3t)\},$$

即

$$f(t) = \frac{1}{54}e^{-2t}(\sin 3t - 3t\cos 3t).$$

§3.5 Laplace 变换的应用

微分方程的 Laplace 变换解法本节中将不讲述，在第四章中将较为详细地介绍常系数线性微分方程的 Mikusinski 算法解法. 为此，下面仅介绍线性系统的传递函数.

(1) 线性系统的激励和响应

我们已经知道，一个线性系统，可以用一个常系数线性微分方程来描述. 如在一个仅含有电阻和电容的 RC 串联电路中，电容器两端的电压 $U_C(t)$ 所满足的关系式为

$$RC\frac{dU_C}{dt} + U_C = e(t).$$

这是一个一阶常系数线性微分方程，我们通常将外加电动势 $e(t)$ 看成是这个系统(即 RC 电路) 随时间 t 变化的输入函数，称为激励，而把电容器两端的电压 $U_C(t)$ 看成是这个系统随时间 t 变化的输出函数，称为响应. 这样 RC 串联的闭合回路，就可以看成是一个有输入端和输出端的线性系统，如图 3-4 所示，而虚线框中的电路结构决定于系统内的元件参量和连接方式，这样一个线性系统，在电路理论中又称为线性网络(简称“网络”). 一个系统的响应式由激励函数与系统本身的特性(包括元件的参量和连接方式) 所决定，对于不同的线性系统，即使在同一激励下，其响应式也是不同的.

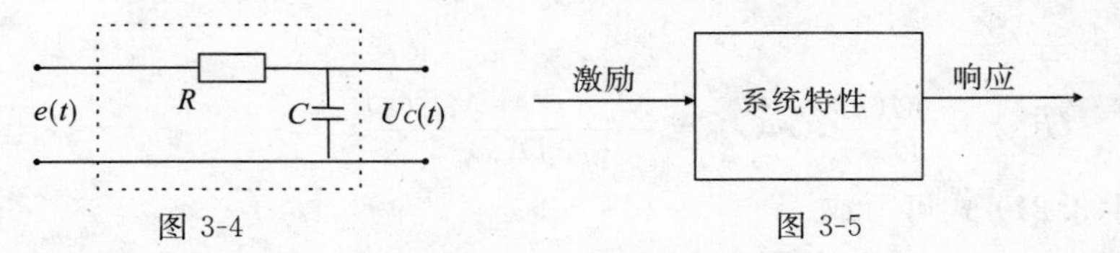

图 3-4　　图 3-5

在分析线性系统时，我们并不关心系统内部的各种不同的结构情况，而是要研究激励和响应同系统本身特性之间的联系，可用图 3-5 所示的情况表明它们之间的联系，为了描述这种联系需要引进传递函数的概念.

(2) 传递函数的概念

假设有一个线性系统，在一般情况下，它的激励 $x(t)$ 与响应 $y(t)$ 所满足的关系，可用下列微分方程来表示：

$$a_n y^{(n)} + a_{n-1} y^{(n-1)} + a_{n-2} y^{(n-2)} + \cdots + a_1 y' + a_0 y = b_m x^{(m)} + b_{m-1} x^{(m-1)} + b_{m-2} x^{(m-2)} + \cdots + b_1 x' + b_0 x, \tag{3.20}$$

其中 $a_0, a_1, \cdots, a_n, b_0, b_1, \cdots, b_m$ 均为常数，m, n 为正常数，且 $n > m$.

设 $\mathscr{L}(y(t)) = Y(s), (x(t)) = X(s)$，根据 Laplace 变换的性质 3.2，有

$$\mathscr{L}(a_i y^{(i)}(t)) = a_i s^i Y(s) - a_i (s^{i-1} y(0) + s^{i-2} y'(0) + s^{i-3} y''(0) + \cdots + y^{(i-1)}(0)),$$

$$\mathscr{L}(b_j x^{(j)}(t)) = b_j s^j X(s) - b_j (s^{j-1} x(0) + s^{j-2} x'(0) + s^{j-3} x''(0) + \cdots + x^{(j-1)}(0)),$$

其中 $i = 0, 1, 2, \cdots, n, j = 0, 1, 2, \cdots, m$.

对(3.20)式两边取拉氏变换并通过整理，可得

$$D(s) Y(s) - M_{hy}(s) = M(s) X(s) - M_{hx}(s),$$

即

$$Y(s) = \frac{M(s)}{D(s)} X(s) + \frac{M_{hy}(s) - M_{hx}(s)}{D(s)}. \tag{3.21}$$

其中

$$D(s) = a_n s^n + a_{n-1} s^{n-1} + \cdots + a_1 s + a_0,$$

$$M(s) = b_m s^m + b_{m-1} s^{m-1} + \cdots + b_1 s + b_0,$$

$$M_{hy}(s) = a_n y(0) s^{n-1} + (a_n y'(0) + a_{n-1} y(0)) s^{n-2} + \cdots + (a_n y^{(n-1)}(0) + \cdots + a_2 y'(0) + a_1 y(0)),$$

$$M_{hx}(s) = b_m x(0) s^{m-1} + (b_m x'(0) + b_{m-1} x(0)) s^{m-2} + \cdots + (b_m x^{(m-1)}(0) + \cdots + b_2 x'(0) + b_1 x(0)).$$

若令

$$G(s)=\frac{M(s)}{D(s)},G_h(s)=\frac{M_{hy}(s)-M_{hx}(s)}{D(s)},$$

则(3.21)式可写成

$$Y(s)=G(s)X(s)+G_h(s), \tag{3.22}$$

式中

$$G(s)=\frac{b_m s^m+b_{m-1}s^{m-1}+\cdots+b_1 s+b_0}{a_n s^n+a_{n-1}s^{n-1}+\cdots+a_1 s+a_0}. \tag{3.23}$$

我们称 $G(s)$ 为**系统的传递函数**，它表达了系统本身的特性，而与激励及系统的初始状况无关，但 $G_h(s)$ 则由激励和系统本身的初始条件决定. 若这些初始条件全为零，即 $G_h(s)=0$ 时，(3.22)式可写成

$$Y(s)=G(s)X(s) \text{ 或 } G(s)=\frac{Y(s)}{X(s)}. \tag{3.24}$$

此式表明，在零初始条件下，系统的传递函数等于其响应的拉氏变换与其激励的拉氏变换之比. 当我们知道了系统的传递函数以后，就可以由系统的激励按(3.22)或(3.24)式求出其响应的拉氏变换，再通过求逆变换可得其响应 $y(t)$，$x(t)$ 和 $y(t)$ 之间的关系可用图 3-6 表示出来.

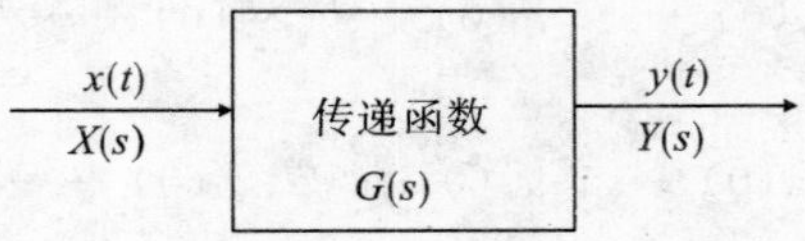

$x(t)$ / $X(s)$ → 传递函数 $G(s)$ → $y(t)$ / $Y(s)$

图 3-6

此外，传递函数不表明系统的物理性质. 许多性质不同的物理系统，可以有相同的传递函数，而传递函数不相同的物理系统，即使系统的激励相同，其响应也是不相同的. 因此对传递函数进行分析研究，就能统一处理各种物理性质不同的线性系统.

(3) 脉冲响应函数

假设某个线性系统的传递函数为

$$G(s)=\frac{Y(s)}{X(s)}$$

或

$$Y(s)=G(s)X(s).$$

若以 $g(t)$ 表示 $G(s)$ 的拉氏逆变换式，即

$$\mathscr{L}(g(t))=G(s),$$

则根据(3.24)式和拉氏变换的卷积定理 3.2 可得

$$\{y(t)\} = \{g(t)\}\{x(t)\} = \left\{\int_0^t g(\tau)x(t-\tau)d\tau\right\},$$

即系统的响应等于其激励与 $g(t)$ 的卷积.

由此可见,一个线性系统除用传递函数来表征外,也可以用传递函数的逆变换 $g(t)$ 来表征,我们称 $g(t)$ 为系统的脉冲响应函数. 它的物理意义可以这样理解,当激励是一个单位脉冲函数,即 $x(t) = \delta(t)$ 时,则在零初始条件下,有

$$\mathscr{L}(x(t)) = (\delta(t)) = X(s) = 1.$$

所以

$$Y(s) = G(s),$$

即

$$y(t) = g(t).$$

可见,脉冲响应函数 $g(t)$,就是在零初始条件下,激励为 $\delta(t)$ 时的响应 $y(t)$,也就是传递函数的逆变换,如图 3-7 所示.

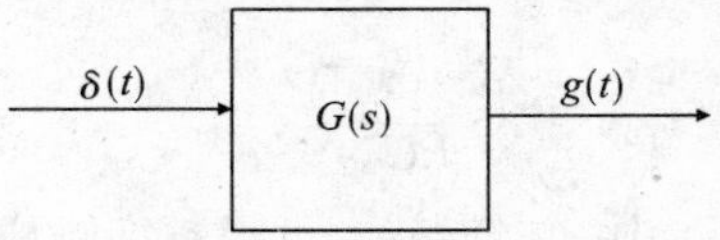

$\delta(t)$ → $G(s)$ → $g(t)$

图 3-7

(4) 频率响应

在系统的传递函数中,令 $s = i\omega$,则得

$$G(i\omega) = \frac{Y(i\omega)}{X(i\omega)} = \frac{b_m(i\omega)^m + b_{m-1}(i\omega)^{m-1} + \cdots + b_1(i\omega) + b_0}{a_n(i\omega)^n + a_{n-1}(i\omega)^{n-1} + \cdots + a_1(i\omega) + a_0}.$$

我们称它为**系统的频率特征函数**,简称"频率响应",可以证明,当激励是角频率为 ω 的虚指数函数 $x(t) = e^{i\omega t}$ 时,系统的稳态响应是

$$y(t) = G(i\omega)e^{i\omega t}.$$

因此,频率响应在工程技术中又称为"正弦传递函数".

总之,任何线性系统的正弦传递函数都可由该系统的传递函数中的 s 以 $i\omega$ 来代替求得.

系统的传递函数,脉冲响应函数,频率响应是表征线性系统的几个重要概念,下面说明它们的求法.

例 4　如图 3-4 所示的 RC 串联电路,当电源电势 $e(t)$ 看成电路的激励,则其响应(电容器两端的电压)$U_C(t)$ 与 $e(t)$ 所满足的微分方程

式为

$$RC\frac{d}{dt}U_C(t)+U_C(t)=e(t).$$

两边取拉氏变换，且 $\mathscr{L}(U_C(t))=U_C(s)$，$\mathscr{L}(e(t))=E(s)$，有

$$RC(SU_C(s)-U_C(0))+U_C(s)=E(s),$$

故

$$U_C(s)=\frac{E(s)}{RCs+1}+\frac{RCU_C(0)}{RCs+1}.$$

按传递函数的定义，此电路的传递函数为

$$G(s)=\frac{1}{RCs+1}=\frac{1}{RC(s+\frac{1}{RC})}.$$

而电路的脉冲响应函数就是传递函数的 Laplace 逆变换，即

$$\frac{1}{RC(s+\frac{1}{RC})}$$

的逆变换为

$$\frac{1}{RC}e^{-\frac{t}{RC}}.$$

在传递函数 $G(s)$ 中，令 $s=i\omega$，可得频率响应为

$$G(i\omega)=\frac{1}{RCi\omega+1}.$$

关于传递函数的更深入的内容，将在有关的专业课程中进行讨论，这里就不再叙述了.

习题 3

1. 求下列函数的 Laplace 变换.

(1) $f(t)=\sin\frac{t}{2}$；　　(2) $f(t)=e^{-2t}$；

(3) $f(t)=t^2$；　　(4) $f(t)=\sin t\cos t$；

(5) $f(t)=\cos^2 t$；　　(6) $f(t)=\sin^2 t$；

(7) $f(t)=\begin{cases}3, & 0\leqslant t<2,\\ -1, & 2\leqslant t<4,\\ 0, & t\geqslant 4;\end{cases}$

(8) $f(t) = \begin{cases} 3, & 0 \leqslant t < \pi/2, \\ \cos t, & t \geqslant \pi/2; \end{cases}$

(9) $f(t) = e^{2t} + 5\delta(t)$.

2. 对下面给出的一个周期内表达式的周期函数,用函数切割的方法求出其 Laplace 变换.

(1) $f(t) = \begin{cases} \sin t, & 0 \leqslant t \leqslant \pi, \\ 0, & \pi < t < 2\pi; \end{cases}$

(2) $f(t) = \sin t, 0 \leqslant t \leqslant \pi$;

(3) $f(t) = t, 0 \leqslant t \leqslant b$.

3. 求下列函数的 Laplace 变换.

(1) $f(t) = t^2 + 3t + 2$;　　(2) $f(t) = 1 - te^t$;

(3) $f(t) = (t-1)^2 e^t$;　　(4) $f(t) = \dfrac{t}{2a}\sin at$;

(5) $f(t) = e^{-2t}\sin 6t$;　　(6) $f(t) = e^{-4t}\cos 4t$.

4. 若 $\mathscr{L}(f(t)) = F(s)$,a 为正实数,证明(相似性质):

$\mathscr{L}(f(at)) = \dfrac{1}{a}F(\dfrac{s}{a})$.

5. 若 $\mathscr{L}(f(t)) = F(s)$,证明

$F^{(n)}(s) = ((-t)^n f(t))$,$(\mathrm{Re}(s) > 0)$. 特别地,$\mathscr{L}(tf(t)) = -F'(s)$,并利用此结论计算下列各式

(1) $f(t) = te^{-3t}\sin 2t$,求 $F(s)$;

(2) $f(t) = t\int_0^t e^{-3t}\sin 2t dt$,求 $F(s)$.

6. 利用卷积的 Laplace 变换求下列函数的逆变换.

(1) $F(s) = \dfrac{1}{(s^2+4)^2}$;　　(2) $F(s) = \dfrac{s}{s+2}$;

(3) $F(s) = \dfrac{1}{s(s+1)(s+2)}$;　　(4) $F(s) = \dfrac{s+1}{9s^2+6s+5}$;

(5) $F(s) = \dfrac{s}{(s^2+a^2)^2}$;　　(6) $F(s) = \dfrac{1}{s^4 - a^4}$.

7. 利用卷积定理(定理 3.2),证明

$$\mathscr{L}\left(\int_0^t f(t)dt\right) = \frac{F(s)}{s}.$$

8. 证明卷积满足对加法的分配律和结合律

$$f_1(f_2 + f_3) = f_1 f_2 + f_1 f_3,$$

$$f_1(f_2 f_3) = (f_1 f_2) f_3,$$

其中 $f_i = \{f_i(t)\} \in \mathfrak{R}, (i = 1,2,3)$.

9.某系统的传递函数 $G(s) = \dfrac{K}{1 + Ts}$,求出激励 $x(t) = A\sin\omega t$ 时的系统响应 $y(t)$.

第 4 章

常系数线性微分方程和差分方程的 Mikusinski 算符解法

Mikusinski 的算符演算给我们提供了解线性微分和差分方程的简单方法，而且应用算符也比古典方法更方便，无论对于齐次的还是非齐次的方程，都不需要建立独立的理论，就可以自动地把它们化成普通的代数方程.

§4.1　常系数线性常微分方程的解

在一般的常微分方程理论中，对于常系数非齐次常微分方程，常常用 Laplace 变换的方法求此特解，但是它要求方程右端的函数 $f(t)$ 在 $[0,+\infty)$ 上连续，且

$$|f(t)|<Me^{ct}(M>0,c>0).$$

而用 Mikusinski 算符求解，这个限制将成为多余，并且求解常系数非齐次常微分方程过程中，不必分先求相应齐次方程的通解，再求原方程的一个特解这两步进行，这里只要一步即可完成.

我们考虑 n 阶微分方程

$$a_nx^{(n)}+a_{n-1}x^{(n-1)}+\cdots+a_0x=f, \tag{4.1}$$

其中系数 $a_0,a_1,\cdots,a_n(a_n\neq 0)$ 是常数，f 为关于 $t\geqslant 0$ 的任意连续函数. 我们寻找适合如下初始条件的解 $x=\{x(t)\}$：

$x(0)=\gamma_0,x'(0)=\gamma_1,\cdots,x^{(n-1)}(0)=\gamma_{n-1}$.

由已引进的一般公式

$$x^{(n)}=s^nx-s^{n-1}x(0)-\cdots-x^{(n-1)}(0),$$

方程(4.1)可写成

$$a_ns^nx+a_{n-1}s^{n-1}x+\cdots+a_0x=\beta_{n-1}s^{n-1}+\beta_{n-2}s^{n-2}+\cdots+\beta_0+f,$$

其中

$$\beta_{\nu}=a_{\nu+1}\gamma_0+a_{\nu+2}\gamma_1+\cdots+a_n\gamma_{n-\nu-1}(\nu=0,1,2,\cdots,n-1).$$

由此可得

$$x=\frac{\beta_{n-1}s^{n-1}+\beta_{n-2}s^{n-2}+\cdots+\beta_0+f}{a_ns^n+a_{n-1}s^{n-1}+\cdots+a_0}$$

$$=\frac{\beta_{n-1}s^{n-1}+\beta_{n-2}s^{n-2}+\cdots+\beta_0}{a_ns^n+a_{n-1}s^{n-1}+\cdots+a_0}+\frac{f}{a_ns^n+a_{n-1}s^{n-1}+\cdots+a_0}.$$

为了得到普通形式的解,可以用简单分式分解法来计算下式

$$x=\frac{\beta_{n-1}s^{n-1}+\cdots+\beta_0}{a_ns^n+\cdots+a_0}+\frac{f}{a_ns^n+\cdots+a_0}.$$

完全类似地可以解常系数微分方程组

$$\begin{cases}x'_1+a_{11}x_1+\cdots+a_{1n}x_n=f_1,\\ \cdots\\ x'_n+a_{n1}x_1+\cdots+a_{nn}x_n=f_n.\end{cases}$$

这里假设初始条件为

$$x(0)=\gamma_1,\cdots,x_n(0)=\gamma_n.$$

我们可利用一般公式 $x'=sx-x(0)$,把方程组写成

$$\begin{cases}(a_{11}+s)x_1+\cdots+a_{1n}x_n=\gamma_1+f_1,\\ \cdots\\ a_{n1}x_1+\cdots+(a_{nn}+s)x_n=\gamma_n+f_n,\end{cases}$$

这一方程组可用行列式或其他古典解代数方程组的方法来解.

例 1 求微分方程 $x'-x=(2t-1)e^{t^2}$①适合条件 $x(0)=2$ 的解 $x(t)$.

解:由初始条件有 $x'=sx-2$,于是方程化为算符形式

$$sx-x=2+f,$$

其中 $f=\{(2t-1)e^{t^2}\}$. 因此,

$$x=\frac{2+f}{s-1}=\frac{2}{s-1}+\frac{f}{s-1}=\{2e^t\}+\{e^t\}\cdot f$$

$$=\{2e^t\}+\{\int_0^t e^{t-\tau}(2\tau-1)e^{\tau^2}d\tau\}$$

$$=\{2e^t+e^{t^2}\},$$

---

① 这里的 $(2t-1)e^{t^2}$ 应写成 $\{(2t-1)e^{t^2}\}$,但我们这样理解它并将它正确地化为算符形式.

故所求的解为 $x(t)=\{2e^t+e^{t^2}\}$.

例 2　求微分方程

$$x''+\lambda^2x=0$$

适合初始条件 $x(0)=\alpha, x'(0)=\beta$ 的解 $x(t)$.

解:由 $x''=s^2x-\alpha s-\beta$,得

$$s^2x+\lambda^2x=\alpha s+\beta.$$

因此,有

$$x=\frac{\alpha s}{s^2+\lambda^2}+\frac{\beta}{s^2+\lambda^2}=\left\{\alpha\cos\lambda t+\frac{1}{\lambda}\beta\sin\lambda t\right\},$$

故所求解为 $x(t)=\alpha\cos\lambda t+\dfrac{1}{\lambda}\beta\sin\lambda t$.

例 3　求微分方程

$$x''-x'-6x=2$$

适合初始条件 $x(0)=1$ 与 $x'(0)=0$ 的解 $x(t)$.

解:由于方程右端出现的函数 2 可能引起混淆,故将方程写成

$$\{x''(t)\}-\{x'(t)\}-\{6x\}=\{2\}.$$

由 $\{2\}=2l=\dfrac{2}{s}$,并考虑初始条件,有

$$s^2x-sx-6x=s-1+\frac{2}{s}.$$

故

$$x=\frac{s^2-s+2}{s(s-3)(s+2)}=-\frac{1}{3}\cdot\frac{1}{s}+\frac{8}{15}\cdot\frac{1}{s-3}+\frac{4}{5}\cdot\frac{1}{s+2}$$
$$=\left\{-\frac{1}{3}+\frac{8}{15}e^{3t}+\frac{4}{5}e^{-2t}\right\},$$

即所求的解为 $x(t)=-\dfrac{1}{3}+\dfrac{8}{15}e^{3t}+\dfrac{4}{5}e^{-2t}$.

例 4　解微分方程

$$x^{(8)}+2x^{(6)}-2x''-x=0,$$

其初始条件为

$$x(0)=x''(0)=x^{(4)}(0)=x^{(6)}(0)=0,$$
$$x'(0)=2, x^{(3)}(0)=2, x^{(5)}(0)=-1, x^{(7)}(0)=11.$$

解:方程的算符形式为

$$s^8x+2s^6x-2s^2x-x=2s^6+6s^4+3s^2+5,$$

从而有

$$x=\frac{2s^6+6s^4+3s^2+5}{s^8+2s^6-2s^2-1}.$$

我们有

$$\frac{2s^6+6s^4+3s^2+5}{s^8+2s^6-2s^2-1}=\frac{2s^6+6s^4+3s^2+5}{(s-1)(s+1)(s^2+1)^3}$$

$$=\frac{A}{s-1}+\frac{B}{s+1}+\frac{Cs+D}{s^2+1}+\frac{Es+F}{(s^2+1)^2}+\frac{Gs+H}{(s^2+1)^3}$$

$$=\frac{(A(s+1)+B(s-1))(s^2+1)^3+((Cs+D)(s^2+1)^2+(Es+F)(s^2+1)+Gs+H)(s^2-1)}{(s-1)(s+1)(s^2+1)^3}$$

比较分子上同次幂的系数，我们得到

$$\begin{aligned}&0=A+B+C, && 0=3A+3B-C+G,\\ &2=A-B+D, && 3=3A-3B-D+H,\\ &0=3A+3B+C+E, && 0=A+B-C-E-G,\\ &6=3A-3B+D+F, && 5=A-B-D-F-H.\end{aligned}$$

由此，得到

$$A=1,B=-1,H=-3,C=D=E=F=G=0.$$

因而，

$$x=\frac{2s^6+6s^4+3s^2+5}{s^8+2s^6-2s^2-1}=\frac{1}{s-1}-\frac{1}{s+1}-\frac{3}{(s^2+1)^3}$$

$$=\left\{e^t-e^{-t}-\frac{3}{8}(3-t^2)\sin t+\frac{9}{8}t\cos t\right\},$$

即解为 $x(t)=e^t-e^{-t}-\frac{3}{8}(3-t^2)\sin t+\frac{9}{8}t\cos t.$

例 5 求解微分方程组

$$\begin{cases}x'-\alpha x-\beta y=\beta e^{\alpha t},\\ y'+\beta x-\alpha x=0,\end{cases}$$

其初始条件 $x(0)=0$ 与 $y(0)=0$.

解:原方程组化为算符方程组

$$\begin{cases}sx-\alpha x-\beta y=\dfrac{\beta}{s-\alpha},\\ sy+\beta x-\alpha x=1,\end{cases}$$

利用代数方程组的一般解法，我们得到

$$x=\frac{2\beta}{(s-\alpha)^2+\beta^2},y=\frac{(s-\alpha)^2-\beta^2}{(s-\alpha)((s-\alpha)^2+\beta^2)},$$

所以有

$$x=\{2e^{\alpha t}\sin\beta t\},$$

$$y=\frac{2(s-\alpha)}{(s-\alpha)^2+\beta^2}-\frac{1}{s-\alpha}=\{2e^{\alpha t}\cos\beta t-e^{\alpha t}\}=\{e^{\alpha t}(2\cos\beta t-1)\},$$

即得方程组的解为

$$x(t)=2e^{\alpha t}\sin\beta t,\ y(t)=e^{\alpha t}(2\cos\beta t-1).$$

例 6　求解微分方程组

$$\begin{cases}x'+z'-z=0,\\ -x'-2z'+x+y=\tan ht,\\ 2x''+y''+z''+z=-2\dfrac{\sin ht}{\cosh^3 t},\end{cases}$$

其初始条件为

$$x(0)=x'(0)=y(0)=y'(0)=z(0)=z'(0)=0.$$ [①]

解:引入记号 $f=\{\tan ht\}$,这时有

$$\left\{-2\frac{\sin ht}{\cosh^3 t}\right\}=s^2f-1.$$

原方程组化为算符方程组

$$\begin{cases}sx+sz-z=0,\\ -sx-2sz+x+y=f,\\ 2s^2x+s^2y+s^2z+z=s^2f-1,\end{cases}$$

以 D 表示这个方程组的系数行列式,有

$$x=\frac{1}{D}\begin{vmatrix}0 & 0 & s-1\\ f & 1 & -2s\\ s^2f-1 & s^2 & s^2+1\end{vmatrix}=\frac{s-1}{s(s+1)(s^2+1)}=-\frac{1}{s}+\frac{1}{s+1}+\frac{1}{s^2+1},$$

$$y=\frac{1}{D}\begin{vmatrix}s & 0 & s-1\\ 1-s & f & -2s\\ 2s^2 & s^2f-1 & s^2+1\end{vmatrix}=\frac{-s^2-2s+1}{s(s+1)(s^2+1)}+f=$$

---

① $\tan ht=\dfrac{e^t-e^{-t}}{e^t+e^{-t}}$(双曲正切),

$\sin ht=\dfrac{e^t-e^{-t}}{2}$(双曲正弦),

$\cos ht=\dfrac{e^t+e^{-t}}{2}$(双曲余弦).

$$\frac{1}{s}-\frac{1}{s+1}-2\frac{1}{s^2+1}+f,$$

$$z=\frac{1}{D}\begin{vmatrix} s & 0 & 0 \\ 1-s & 1 & f \\ 2s^2 & s^2 & s^2 f-1 \end{vmatrix}=\frac{-1}{(s+1)(s^2+1)}=-\frac{1}{2}\frac{1}{s+1}-\frac{1}{2}\frac{1}{s^2+1}$$

$$+\frac{1}{2}\frac{s}{s^2+1},$$

即

$$x=\{-1+e^{-t}+\sin t\},$$

$$y=\{1-e^{-t}-2\sin t+\tanh t\},$$

$$z=\frac{1}{2}\{-e^{-t}-\sin t+\cos t\}.$$

从而原方程组的解为

$$\begin{cases} x(t)=-1+e^{-t}+\sin t, \\ y(t)=1-e^{-t}-2\sin t+\tanh t, \\ z(t)=\frac{1}{2}(-e^{-t}-\sin t+\cos t). \end{cases}$$

在应用算符演算理论来讨论物理和技术问题时，由于它们沿用着传统的记号，所以要将原来的方程正确地表述为算符形式，这可能会产生某些困难，为了避免这种可能发生的困难，我们先来讨论电流的微分方程

$$LI'+RI=E, \tag{4.2}$$

其中 L,R,E 和 I 分别表示自感、电阻、电动势和电流强度，这里我们设 L 和 R 是常数.

如果已知 L,R,E，并知在 $t=0$ 时电流强度为 0，即 $I(0)=0$，我们要求出电流强度 I.

这时易知

$$LsI+RI=E, \tag{4.3}$$

由此

$$I=\frac{E}{Ls+R}=E\cdot\frac{1}{L}\cdot\frac{1}{s+R/L}=\{E(t)\}\left\{\frac{1}{L}\cdot\exp\left(-\frac{R}{L}t\right)\right\}.$$

最后

$$I=\left\{\frac{1}{L}\int_0^t E(t-\tau)\exp\left(-\frac{R}{L}\tau\right)d\tau\right\}. \tag{4.4}$$

特别,如果电动势为常数,则公式(4.4)得到简化并可将积分求出来,有

$$I=\left\{\frac{E}{L}\int_0^t \exp(-\frac{R}{L}\tau)d\tau\right\}=\left\{\frac{E}{L}\left(1-\exp(-\frac{R}{L}t)\right)\right\}. \tag{4.5}$$

在这个例子中也可一开始就把字母 E 理解为数,就像把 L 和 R 理解为数一样,这时如欲正确地进行运算,必须修正算符方程(4.3).事实上,如果我们把 L, R 和 E 理解为数,则原方程(4.2)应该更精确地写成.

$$\{LI'(t)+RI(t)\}=\{E\}.$$

这时根据 $I(0)=0$,我们将有简单的算符形式

$$LsI+RI=E\frac{1}{s}. \tag{4.6}$$

因此,有

$$I=\frac{E}{s(Ls+R)}=\frac{E}{R}(\frac{1}{s}-\frac{1}{s+R/L})=\left\{\frac{E}{R}\left(1-\exp(-\frac{R}{L}t)\right)\right\}.$$

这样,我们以另外的方法得到了与(4.5)相同的结果,避免了积分运算.

应当注意,在上例中在上例中根据我们把 E 理解为函数还是数而得到不同的算符方程(4.3)和(4.6).可以看出,要正确地引进算符形式,必须十分仔细地来使用字母.如果从一开始我们就清楚地知道原方程中哪里出现变量 t,则恒可避免发生混淆.例如,如果考虑变化的电动势,则应先将方程(4.2)写成

$$\{LI'(t)+RI(t)\}=\{E(t)\}.$$

但如果电动势为常数,则可写为

$$\{LI'(t)+RI(t)\}=\{E\}.$$

在第一种情况下,引进记号 $I=\{I(t)\}$, $I'=\{I'(t)\}$ 和 $E=\{E(t)\}$,就有

$$LI'+RI=E, \tag{4.7}$$

而在第二种情况下,$\{E\}=E\cdot\frac{1}{s}$,因此有

$$LI'+RI=E\frac{1}{s}. \tag{4.8}$$

利用等式 $I'=sl-l(0)=sl$,即得等式(4.3)或(4.6).只需明确固定哪一个字母被理解为函数,哪一个字母被理解为数,就可以很容易地

把方程改写成算符形式.

值得注意的是,算符方程(4.7)在形式上是与原方程(4.2)一样的,而方程(4.8)与它们不相同,这是因为在方程(4.7)中,我们把 E 看作函数,而在(4.8)中 E 却被看作数.

还需注意,如果在方程(4.2)中电阻 R 是 t 的函数,那么方程就不能写成算符形式.因为,如果我们把它写成

$$\{LI'(t)+R(t)I(t)\}=\{E\},$$

表达式 $\{R(t)I(t)\}$ 就不能写成 RI,因为在算符演算中它表示卷积 $\left\{\int_0^t R(t-\tau)I(\tau)d\tau\right\}$.

可以证明,如果微分方程不是常系数的,则不能像常系数微分方程那样把方程写成算符形式的代数方程.

下面我们来解一个一般的电路问题.

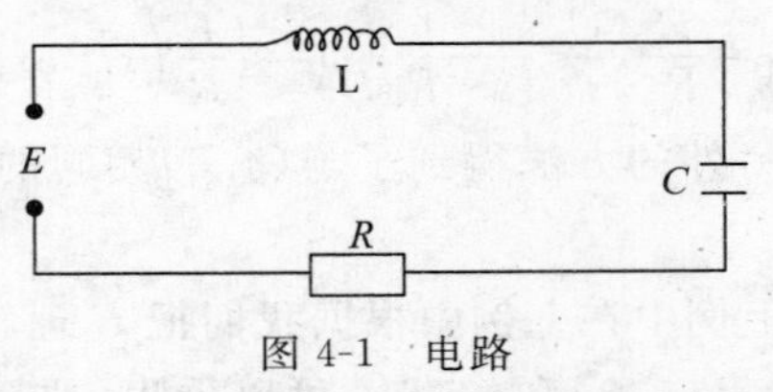

图 4-1 电路

把具有自感 L,电阻 R 和电容 C 的电路与电动势 E 相连接,如果以 I 表示电流强度,而以 Q 表示电容器极片上的电荷,以下两个微分方程成立

$$LI'+RI+\frac{Q}{C}=E,Q'=I,$$

这里记号“”表示关于时间的微分.

把这些方程写成算符形式,我们有

$$LsI+RI+\frac{Q}{C}=E+LI(0),sQ=I+Q(0),$$

这里 $I(0)$ 和 $Q(0)$ 表示在 $t=0$ 时的电流强度与电荷.

消去 Q,我们得到

$$\left(Ls+R+\frac{1}{Cs}\right)I=E+LI(0)+\frac{V(0)}{s},\tag{4.9}$$

这里 $V(0)=-\frac{Q(0)}{C}$ 是电容器上的初始电压.

现在假设,电流强度与电荷的初始值均为零,则方程(4.9)简化成

$$(Ls+R+\frac{1}{Cs})I=E. \tag{4.10}$$

假设在 $t=0$ 时把恒为常数的电动势 E_0 接入电路，则有 $E=E_0/s$ 与

$$(Ls+R+\frac{1}{Cs})I=\frac{E_0}{s}.$$

由此，有

$$(Ls+R+\frac{1}{Cs})I=\frac{E_0}{L(s^2+\frac{R}{L}s+\frac{1}{LC})}=\frac{E_0}{L((s+\alpha)^2+\mu)},$$

这里

$$\alpha=\frac{R}{2L},\mu=\frac{1}{LC}-\frac{R^2}{4L^2}. \tag{4.11}$$

容易算出

$$\frac{1}{(s+\alpha)^2+\mu}=\begin{cases}\frac{1}{\sqrt{\mu}}e^{-\alpha t}\sin\sqrt{\mu}t, & \mu>0,\\ te^{-\alpha t}, & \mu=0,\\ \frac{1}{\sqrt{-\mu}}e^{-\alpha t}sh\ \sqrt{-\mu}t, & \mu<0.\end{cases}$$

由此，容易得到公式

(1)当 $\mu>0$ 时，有

$$I(t)=\frac{E_0}{\sqrt{\mu}L}e^{-\alpha t}\sin\sqrt{\mu}t;$$

(2) 当 $\mu=0$ 时，有

$$I(t)=\frac{E_0}{L}e^{-\alpha t};$$

(3) 当 $\mu<0$ 时，有

$$I(t)=\frac{E_0}{\sqrt{-\mu}L}e^{-\alpha t}\,\mathrm{sh}\,\sqrt{-\mu}t.$$

现在考虑更一般的情形，假如在 $t=0$ 时连接一个任意的电动势 $E=\{E(t)\}$，由方程(4.10)，得

$$I=E\frac{s}{Ls^2+Rs+\frac{1}{C}}=E\frac{s}{L((s+\alpha)^2+\mu)}$$

$$=E(\frac{s+\alpha}{L((s+\alpha)^2+\mu)}-\frac{\alpha}{L((s+\alpha)^2+\mu)}).$$

因为

$$\frac{s+\alpha}{(s+\alpha)^2+\mu}=\begin{cases}e^{-\alpha t}\cos\sqrt{\mu}t, & \mu>0,\\ e^{-\alpha t}, & \mu=0,\\ e^{-\alpha t}\operatorname{ch}\sqrt{-\mu}t, & \mu<0,\end{cases}$$

所以,我们有公式:

(1)当 $\mu>0$ 时,有

$$I(t)=\frac{1}{L}\int_0^t E(t-\tau)e^{-\alpha\tau}(\cos\sqrt{\mu}\tau-\frac{\alpha}{\sqrt{\mu}}\sin\sqrt{\mu}\tau)d\tau.$$

(2) 当 $\mu=0$ 时,有

$$I(t)=\frac{1}{L}\int_0^t E(t-\tau)(1-\alpha\tau)e^{-\alpha\tau}d\tau.$$

(3) 当 $\mu<0$ 时,有

$$I(t)=\frac{1}{L}\int_0^t E(t-\tau)e^{-\alpha\tau}(\operatorname{ch}\sqrt{-\mu}\tau-\frac{\alpha}{\sqrt{-\mu}}sh\ \sqrt{-\mu}\tau)d\tau.$$

以上我们是假设 $I(0)=0$ 与 $Q(0)=0$,现在取 $I(0)$ 和 $Q(0)$ 为任意数,而取 $E=0$,这假设相当于在 $t=0$ 时电路被短路,没有接入任何电动势,这时我们称流过电路的电流为**短路电流**,并以 $\bar{I}$ 表示.

短路电流适合方程

$$(Ls+R+\frac{1}{Cs})\bar{I}=LI(0)-\frac{V(0)}{s},\tag{4.12}$$

这里 $V(0)=\frac{Q(0)}{C}$ 是电容器上的初始电位差.由此,有

$$\bar{I}=\frac{LI(0)-\frac{V(0)}{s}}{Ls+R+\frac{1}{Cs}},\tag{4.13}$$

也可写为

$$\bar{I}=\frac{LI(0)-V(0)}{L(s^2+\frac{R}{L}s+\frac{1}{LC})}=I(0)\frac{s+\alpha}{(s+\alpha)^2+\mu}-\frac{\delta}{(s+\alpha)^2+\mu},$$

这里

$$\delta=\frac{R}{2L}I(0)+\frac{V(0)}{L},$$

而 α 与 μ 由(4.11)确定.

根据以上给出的公式可得到短路电流:

(1)当 $\mu>0$ 时,有

$$\overline{I}(t)=I(0)e^{-\alpha t}\cos\sqrt{\mu}t-\frac{\delta}{\sqrt{\mu}}e^{-\alpha t}\sin\sqrt{\mu}t.$$

(2) 当 $\mu=0$ 时,有

$$\overline{I}(t)=(I(0)-\delta t)e^{-\alpha t}.$$

(3) 当 $\mu<0$ 时,有

$$\overline{I}(t)=I(0)e^{-\alpha t}\operatorname{ch}\sqrt{-\mu}t-\frac{\delta}{\sqrt{-\mu}}e^{-\alpha t}\operatorname{sh}\sqrt{-\mu}t.$$

当 $L>0$ 时,上述结果是有效的.

如果 $L=0,R>0,C>0$,则

$$\overline{I}=-\frac{CV(0)}{CRs+1}.$$

由此,有

$$\overline{I}(t)=-\frac{V(0)}{R}\exp\left(-\frac{t}{CR}\right).\tag{4.14}$$

如果电路中没有电容器,则应以方程

$$(Ls+R)\overline{I}=LI(0)$$

代替方程(4.12),它对应于条件 $C=\infty$,这种情况下有

$$\overline{I}=\frac{LI(0)}{Ls+R}$$

及

$$\overline{I}(t)=I(0)\exp\left(-\frac{R}{L}t\right).$$

容易看出,在 $R>0$ 的假设下,对于所提到的各种情形,短路电流像指数函数那样趋于零,只有在情形(3)时可能产生疑问,但是只需证明:当 $\mu<0$ 时,有

$$e^{-\alpha t}\operatorname{ch}\sqrt{-\mu}t=\frac{1}{2}\left(e^{-(\alpha-\sqrt{-\mu})t}+e^{-(\alpha+\sqrt{-\mu})t}\right),$$

$$e^{-\alpha t}\operatorname{sh}\sqrt{-\mu}t=\frac{1}{2}\left(e^{-(\alpha-\sqrt{-\mu})t}-e^{-(\alpha+\sqrt{-\mu})t}\right)$$

及

$$\alpha-\sqrt{-\mu}=\frac{R}{2L}-\sqrt{\frac{R^2}{4L^2}-\frac{1}{LC}}>0.$$

短路电流趋于零是可以理解的，因为在所考虑的电路内没有任何电动势，所以电流在不断地克服电阻中逐渐消失.

在有些计算中，当电路的电阻很小时，我们设 $R=0$，这种近似只有当我们考虑短时间内的电流时才是合理的. 如果 $R=0$，$L>0$，且电路中有电容量，则根据公式(4.13)，我们有

$$\overline{I}=\frac{SI(0)-\frac{V(0)}{L}}{S^2+\frac{1}{LC}}, \tag{4.15}$$

及

$$\overline{I}(t)=I(0)\cos\frac{t}{\sqrt{LC}}-\sqrt{\frac{C}{L}}V(0)\sin\frac{t}{\sqrt{LC}},$$

即

$$\overline{I}(t)=\beta\sin(\gamma-\frac{t}{\sqrt{LC}}),$$

这里

$$\beta=\sqrt{I^2(0)+\frac{CV^2(0)}{L}},\tan\gamma=\sqrt{\frac{L}{C}}\frac{I(0)}{V(0)}.$$

在这种情形下短路电流是正弦形的.

如果 $R=0$，$L>0$，而电路中无电容量，则代替(4.12)的是方程

$$Ls\overline{I}=LI(0).$$

因此，有

$$\overline{I}=\frac{I(0)}{s},$$

即 $\overline{I}(t)=I(0)(t\geqslant 0)$. 在这种情形下短路电流是一个常数.

我们再来考虑有电容器而没有电阻与自感的电流，这时方程(4.12)简化为

$$\frac{1}{Cs}\overline{I}=-\frac{V(0)}{s}.$$

由此，有

$$\bar{I}=-CV(0)=-s\{V(0)C\}. \tag{4.16}$$

在这种情形下，算符 $\bar{I}$ 是一个数，这时短路电流有某种直观意义. 为此，我们首先考虑具有电容器与电阻的电路，这时短路电流由方程(4.14)描述. 图 4-2 表示当电容与初始电荷均为常数时不同电阻的短路电流. 可以看出，电阻越小，则在初瞬时的电流就越大，但消失得也越快. 可用这样的事实来解释它，即减小电阻时，电容器放电就加快. 如果 $R=0$，则产生短路，电容器会立即放电，给出一个瞬时无限大电流，而后立即消失. 在实际中，只能近似地实现这个条件，因为每一电路总是有电阻的，尽管这电阻可以很小. 虽然如此，把短路电流这个概念推广到纯电阻为零的情形带来了许多运算上的方便，并且对于所考虑的各种情况可以进行同样的计算.

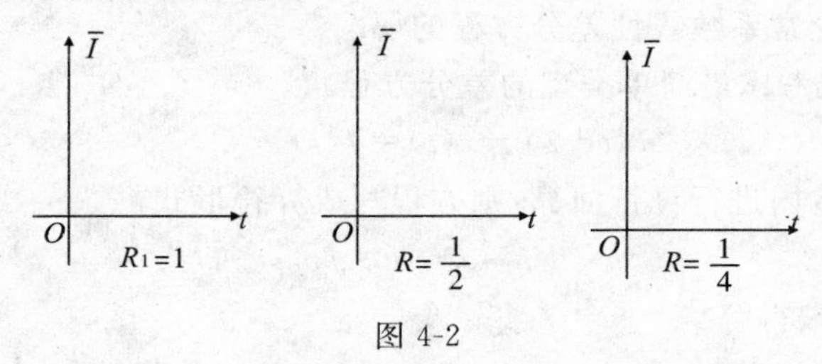

图 4-2

对于应用来说，主要的是 $I(0)=0$ 和 $V(0)=0$ 这一情形，在 $t=0$ 时没有任何电流，并且所有的电容器的电都已放尽，这时由公式(4.12)推出开始时短路电流等于零. [①]

上述仅仅给出 Mikusinski 算符演算在电路理论中应用的一部分. 关于算符演算在电网络、电脉冲等中的应用，在此不详述，有兴趣者可参阅 J · Mikuhimski 编著的 *Operational Calculus* 的第五章.

---

① 当 $C=0$ 时方程(4.12)失去意义，但这种情况永不出现. 因为对有电容器的电路，恒有 $C>0$，而没有电容器的电路却相当于 $C=\infty$，若以倒数 $\frac{1}{C}$ 来代替电容器的电容，则电路常数的作用将更为对称. 但考虑到实际应用，我们仍保留传统的记号.

§4.2 常系数线性差分方程的解

在第二章第 4 小节中，已经知道函数类 $\boldsymbol{C}$ 或 $\mathfrak{R}$ 中元素的右平移仍在类 $\boldsymbol{C}$ 或 $\mathfrak{R}$ 中，但其左平移一般则不然. 为了能使函数的左平移能够进行，我们引入函数类 $\mathfrak{B}$，即定义在$(-\infty,+\infty)$上某点右方(含本点)是连续的且在该点左方恒为零的复值函数 $f=\{f(t)\}$全体，在 $\mathfrak{B}$ 中引入卷积

$$f \cdot g=\left\{\int_{-\infty}^{+\infty} f(\tau) g(t-\tau) d\tau\right\},(f,g \in \mathfrak{B}).$$

同样依关于卷积的 Titchmarsh 定理得到 Mikusinski 算符域. 下面在类 $\mathfrak{B}$ 中讨论常系数线性差分方程的解.

我们先考虑最简单类型的差分方程

$$x(t+\lambda)-x(t)=f(t) \tag{4.17}$$

在函数类 $\mathfrak{B}$ 内进行算符演算，则方程写成算符形式

$$h^{-\lambda}x-x=f.$$

因此，容易求得解

$$x=\frac{f}{h^{-\lambda}-1}=(1+h^{\lambda}+h^{2\lambda}+\cdots)h^{\lambda}f.\text{①}$$

即

$$\{x(t)\}=\sum_{n=0}^{\infty}\{f(t-(n+1)\lambda)\}$$

即有

$$x(t)=\sum_{n=0}^{\infty} f(t-(n+1)\lambda). \tag{4.18}$$

由移动算符的性质知，对每个有限区间而言，级数(4.18)仅为有限和.

在一些文献中，特别是在电工学的文献中，曾讨论过另一些其变量仅是整数值的差分方程的求解问题.

例如我们求离散形式的差分方程

$$2\xi_n+3\xi_{n+1}+\xi_{n+2}=1 \tag{4.19}$$

---

① 这一级数展开式容易推得.

在初始条件

$$\xi_0=1,\xi_1=0 \tag{4.20}$$

下的解.

于是方程便归结到寻求适合方程(4.19)的序列 $\xi_0,\xi_1,\xi_2,\cdots$,其中 $\xi_0=1,\xi_1=0$.

引入算符

$$F=\sum_{n=0}^{\infty}\xi_n h^n=\xi_0+\xi_1 h+\xi_2 h^2+\cdots, \tag{4.21}$$

(这一级数形式的算符恒为在 Mikusinski 算符意义下收敛,读者亦可以理解级数(4.21)为形式的关于移动算符 h 的幂级数). 由此得到

$$\frac{F-\xi_0}{h}=\xi_1+\xi_2 h+\xi_3 h^2+\cdots,$$

$$\frac{F-\xi_0-\xi_1 h}{h^2}=\xi_2+\xi_3 h+\xi_4 h^2+\cdots.$$

因为

$$\frac{1}{1-h}=1+h+h^2+\cdots,$$

所以根据(4.19)和(4.20),就有

$$2F+\frac{3}{h}(F-1)+\frac{1}{h^2}(F-1)=\frac{1}{1-h}.$$

解此方程中的 F,并将所得的式子分解成简单分式,我们得到

$$F=\frac{1+2h-2h^2}{(1-h)(1+h)(1+2h)}$$

$$=\frac{1}{6}\,\frac{1}{1-h}+\frac{3}{2}\,\frac{1}{1+h}-\frac{2}{3}\,\frac{1}{1+2h}.$$

把右端分式展成级数,我们得到

$$F=\sum_{n=0}^{\infty}\left(\frac{1}{6}+\frac{3}{2}(-1)^n-\frac{2}{3}(-2)^n\right)h^n.$$

由此与(4.21)比较系数得

$$\xi_n=\frac{1}{6}+\frac{3}{2}(-1)^n-\frac{2}{3}(-2)^n.$$

如果以 E_{n-1} 和 I_{n-1} 分别表示流入到第几个四端网络的电压和电流,而以 E_n 和 I_n 分别表示由它流出的电压和电流,则根据 Kirchhoff(或根据四端网络的理论),我们得到方程

$$E_{n-1}=(1+\alpha)E_n+(2\alpha+\alpha^2)Z_0 I_n,$$

$$I_{n-1}=\frac{1}{Z_0}E_n+(1+\alpha)I_n,$$

其中 Z_0 为阻抗.

引入记号

$$e_n=\frac{E_n}{E_0},i_n=\frac{\text{sh}\beta\cdot Z_0\cdot I_n}{E_0},(1+\alpha=\text{ch}\beta,n=1,2,3,\cdots).$$

可写

$$\left.\begin{aligned}e_{n-1}&=\text{ch}\beta\cdot e_n+\text{sh}\beta\cdot i_n\\ i_{n-1}&=\text{sh}\beta\cdot e_n+\text{ch}\beta\cdot i_n\end{aligned}\right\}\tag{4.22}$$

引入算符

$$\begin{aligned}E&=\sum_{n=0}^{\infty}e_nh^n=e_0+e_1h+e_2h^2+\cdots,\\ I&=\sum_{n=0}^{\infty}i_nh^n=i_0+i_1h+i_2h^2+\cdots.\end{aligned}\tag{4.23}$$

因为

$$hE=e_0h+e_1h^2+e_2h^3+\cdots,$$
$$hI=i_0h+i_1h^2+i_2h^3+\cdots.$$

由(4.22)得到

$$hE=\text{ch}\beta\cdot(E-e_0)+\text{sh}\beta\cdot(I-i_0),$$
$$hI=\text{sh}\beta\cdot(E-e_0)+\text{ch}\beta\cdot(I-i_0).$$

因此,求得

$$E=\frac{(1-h\cdot\text{ch}\beta)e_0-h\cdot\text{sh}\beta\cdot i_0}{1-2h\text{ch}\beta+h^2},$$

$$I=\frac{-h\cdot\text{sh}\beta\cdot e_0+(1-h\cdot\text{ch}\beta)i_0}{1-2h\text{ch}\beta+h^2}.$$

由于 $1-2h\text{ch}\beta+h^2=(1-he^{\beta})(1-he^{-\beta})$,所以将上式分解成简单分式并展成级数,得到

$$\frac{1-h\text{ch}\beta}{1-2h\text{ch}\beta+h^2}=\frac{1}{2}(\frac{1}{1-he^{\beta}}+\frac{1}{1-he^{-\beta}})=\sum_{n=0}^{\infty}\text{ch}(n\beta)\cdot h^n,$$

$$\frac{\text{sh}\beta}{1-2h\text{ch}\beta+h^2}=\frac{1}{2}(\frac{1}{1-he^{\beta}}-\frac{1}{1-he^{-\beta}})=\sum_{n=0}^{\infty}\text{sh}(n\beta)\cdot h^n.$$

于是,有

$$E=\sum_{n=0}^{\infty}(e_0\text{ch}(n\beta)-i_0\text{sh}(n\beta))h^n,$$

$$I=\sum_{n=0}^{\infty}(-e_0\operatorname{sh}(n\beta)+i_0\operatorname{ch}(n\beta))h^n.$$

以及由(4.23),得

$$e_n=e_0\operatorname{ch}(n\beta)-i_0\operatorname{sh}(n\beta),$$
$$i_n=-e_0\operatorname{sh}(n\beta)+i_0\operatorname{ch}(n\beta).$$

最后利用公式(4.22),得

$$E_0=E_n\cdot\operatorname{ch}(n\beta)+I_n\cdot Z_0\cdot\operatorname{sh}\beta\cdot\operatorname{sh}(n\beta),$$
$$I_0=\frac{E_n}{Z_0}\cdot\frac{\operatorname{sh}(n\beta)}{\operatorname{sh}\beta}+I_n\cdot\operatorname{ch}(n\beta).$$

下面给出在求解较一般的差分方程中所遇到的一些公式,首先由等式

$$\begin{aligned}&(1-\beta h^\lambda)(1+2\beta h^\lambda+3\beta^2h^{2\lambda}+\cdots)\\&=(1+2\beta h^\lambda+3\beta^2h^{2\lambda}+\cdots)-(\beta h^\lambda+2\beta^2h^{2\lambda}+\cdots)\\&=1+\beta h^\lambda+\beta^2h^{2\lambda}+\cdots=\frac{1}{1-\beta h^\lambda}\end{aligned}$$

推出

$$\frac{1}{(1-\beta h^\lambda)^2}=1+2\beta h^\lambda+3\beta^2h^{2\lambda}+\cdots=\sum_{n=0}^{\infty}(n+1)\beta^nh^{n\lambda}.$$

类似地,有公式

$$\frac{1}{(1-\beta h^\lambda)^3}=\sum_{n=0}^{\infty}\frac{(n+1)(n+2)}{1\cdot 2}\beta^nh^{n\lambda},$$

并且一般的有

$$\frac{1}{(1-\beta h^\lambda)^{1+k}}=\sum_{n=0}^{\infty}\binom{n+k}{k}\beta^nh^{n\lambda},$$

其中

$$\binom{n+k}{k}=\frac{(n+1)(n+2)\cdots(n+k)}{k!}.$$

现在来讨论较为一般的离散形式差分方程

$$a_0\xi_{n+k}+a_1\xi_{n+k-1}+\cdots+a_k\xi_n=\delta_n,(n=0,1,2,3,\cdots)\qquad(4.24)$$

的求解问题,其中 k 为固定自然数,而 $a_0,a_1,\cdots,a_k$ 和 δ_n 为任意复数.通常称这一方程为递推方程,当 $a_0\neq 0$ 时,它是 k 阶方程.

引入算符

$$X=\xi_0+\xi_1h+\xi_2h^2+\cdots=\sum_{n=0}^{\infty}\xi_nh^n.\qquad(4.25)$$

我们有等式

$$\frac{1}{h}(X-\xi_0)=\sum_{n=0}^{\infty}\xi_{n+1}h^n,\cdots,$$

$$\frac{1}{h^k}(X-\xi_0-\cdots-\xi_{k-1}h^{k-1})=\sum_{n=0}^{\infty}\xi_{n+k}h^n.$$

由此根据(4.24),得到

$$\frac{a_0}{h^k}(X-\xi_0-\cdots-\xi_{k-1}h^{k-1})+\cdots+\frac{a_{k-1}}{h}(X-\xi_0)+a_kX=\sum_{n=0}^{\infty}\delta_nh^n. \tag{4.26}$$

因而最后有

$$X=\frac{\beta_{k-1}h^{k-1}+\cdots+\beta_0}{a_kh^k+\cdots+a_0}+\frac{h^k}{a_kh^k+\cdots+a_0}\sum_{n=0}^{\infty}\delta_nh^n, \tag{4.27}$$

其中

$$\beta_\nu=a_0\xi_\nu+a_1\xi_{\nu-1}+\cdots+a_\nu\xi_0.$$

如果公式(4.27)右端的第二式可以展成算符 h 的幂级数,则与级数(4.25)比较系数可求得未知系数 ξ_n. 而如果(4.26)右端的算符可以表示为 h 的有理式:

$$\frac{\varepsilon_ph^p+\cdots+\varepsilon_1h+\varepsilon_0}{\eta_qh^q+\cdots+\eta_1h+\eta_0}, \tag{4.28}$$

其中 ε_i 和 η_j 为复数,则可较方便地进行. 这时由等式(4.26)计算 X,即知 X 亦是算符 h 的有理式. 由代数学知道,每一个这种有理式在复数范围内均可分解为算符 h 的多项式和形如

$$\frac{1}{(1-\beta h)^n}$$

的若干个简单分式之和,再依次把这些分式展开成算符 h 的幂级数,这样,就可求得未知数 ξ_n.

例如,我们来求方程

$$\xi_{n+2}-5\xi_{n+1}+6\xi_n=n$$

的解,这时有

$$\frac{1}{h^2}(X-\xi_0-\xi_1h)-\frac{5}{h}(X-\xi_0)+6X=\sum_{n=0}^{\infty}nh^n=\frac{h}{(1-h)^2}.$$

因此,有

$$X=\frac{(-5\xi_0+\xi_1)h+\xi_0}{6h^2-5h+1}+\frac{h^3}{(6h^2-5h+1)(1-h)^2}$$

$$=\frac{A}{1-3h}+\frac{B}{1-2h}+\frac{1}{4}\frac{1}{1-h}+\frac{1}{2}\frac{1}{(1-h)^2},$$

其中

$$A=\frac{1}{4}-2\xi_0+\xi_1, B=-1+3\xi_0-\xi_1.$$

把简单分式展成级数，我们有

$$X=\sum_{n=0}^{\infty}\left(A\cdot 3^n+B\cdot 2^n+\frac{1}{4}+\frac{1}{2}(n+1)\right)h^n.$$

由此与级数(4.25)比较系数得到

$$\xi_n=A\cdot 3^n+B\cdot 2^n+\frac{n}{2}+\frac{3}{4}, (n=2,3,\cdots),$$

ξ_0 和 ξ_1 的值可以任意取.

前面已经陈述过，差分方程(4.24)最终能否获得真正的解，完全取决于级数

$$\sum_{n=0}^{\infty}\delta_n h^n$$

能否表示为 h 的有理式(4.28). 借助于定义移动算符幂级数间的乘积以及解析函数的性质(见第一章§1.4)，可以获得更为一般的常系数线性差分方程的解(当然包括其特殊情形(4.24))，其方法较为简洁.

令

$$\boldsymbol{C}^{\Delta}=\{\omega=\{\omega(t)\}:\omega\in\mathscr{S}\text{且在 } t=0 \text{ 点解析}\},$$

则有对每个 $\omega\in\boldsymbol{C}^{\Delta}$，有等式(见定理 1.8)

$$\omega(t)=\sum_{n=0}^{\infty}a_n t^n$$

当且仅当存在 $M>0,\delta>0$ 使得 $|a_n|\leq M\delta^n (n=0,1,2,\cdots)$.

另外，对每个数列 (a_n)，均有移动算符级数

$$\sum_{n=0}^{\infty}a_n h^{n\lambda} (\lambda>0)$$

恒为 Mikusinski 的算符演算意义下收敛. 为此，令

$$\boldsymbol{C}^{\Delta}=\left\{\begin{array}{l}\sum\limits_{n=0}^{\infty}a_n h^{n\lambda}\,\Big|\,\lambda>0, a=(a_n)\text{满足：存在 } M_a>0,\\ \delta>0 \text{ 使得 } |a_n|\leqslant M_a\delta^n (n=0,1,\cdots)\end{array}\right\}.$$

从而对每个 $\omega=\{\omega(t)\}\in\boldsymbol{C}^{\Delta}$，有

$$\omega(t)=\sum_{n=0}^{\infty}a_n t^n,$$

它与 C^{Δ} 中元 $\sum_{n=0}^{\infty} a_n h^{n\lambda}$ 产生对应，显然这种对应是一对一的，并且 C^{Δ} 中的加、减、数乘与 C^{Δ} 中在通常意义下的相应运算类同.

另一方面，对任意 $f,g \in C^{\Delta}$，有

$$f(t)=\sum_{n=0}^{\infty}\alpha_n t^n, g(t)=\sum_{n=0}^{\infty}\beta_n t^n,$$

则

$$f(t)g(t)=\Big(\sum_{n=0}^{\infty}\alpha_n t^n\Big)\Big(\sum_{n=0}^{\infty}\beta_n t^n\Big)=\sum_{n=0}^{\infty}\Big(\sum_{j=0}^{n}\alpha_j\beta_{n-j}\Big)t^n.$$

由此我们在 C^{Δ} 中定义

$$\Big(\sum_{n=0}^{\infty}\alpha_n h^{n\lambda}\Big)\Big(\sum_{n=0}^{\infty}\beta_n h^{n\lambda}\Big)=\sum_{n=0}^{\infty}\Big(\sum_{j=0}^{n}\alpha_j\beta_{n-j}\Big)h^{n\lambda}, \tag{4.29}$$

这里的乘积是指算符意义下的乘积，则有：

* **定理 4.1** 移动算符级数

$$\sum_{n=0}^{\infty}\Big(\sum_{j=0}^{n}\alpha_j\beta_{n-j}\Big)h^{n\lambda}$$

在 Mikusinski 算符演算意义下收敛到级数

$$\sum_{n=0}^{\infty}\alpha_n h^{n\lambda} \text{ 和 } \sum_{n=0}^{\infty}\beta_n h^{n\lambda}$$

的算符乘积.

证明：数系数的移动算符级数

$$\sum_{n=0}^{\infty}\alpha_n h^{n\lambda}\cdot\sum_{n=0}^{\infty}\beta_n h^{n\lambda} \text{ 和 } \sum_{n=0}^{\infty}\Big(\sum_{j=0}^{n}\alpha_j\beta_{n-j}\Big)h^{n\lambda}$$

均为 Mikusinski 的算符演算意义下收敛已证.①

由于级数

$$\sum_{n=0}^{\infty}\Big(\sum_{j=0}^{n}\alpha_j\beta_{n-j}\Big)h^{n\lambda}=\alpha_0\beta_0+\alpha_0\beta_1 h^{\lambda}+\alpha_1 h^{\lambda}\beta_0+\alpha_0\beta_2 h^{2\lambda}+\alpha_1 h^{\lambda}\beta_1 h^{\lambda}$$
$$+\alpha_2 h^{2\lambda}\beta_0+\cdots+\alpha_0\beta_n h^{n\lambda}+\alpha_1 h^{\lambda}\beta_{n-1}h^{(n-1)\lambda}+\cdots+\alpha_n h^{n\lambda}\beta_0+\cdots$$

在 Mikusinski 的算符演算意义下收敛以及移动算符的性质，即有对 $[0,+\infty)$ 内的任一有限区间 I，上述级数仅为有限和. 故可将其重排，并项为

---

① J · Mikusimski. *Operational Calculus*. 5th. ed. New York (1959)(有中文译本，王建午译. 上海科技出版社，1964。

$$\alpha_0\beta_0+(\alpha_0\beta_1h^\lambda+\alpha_1h^\lambda\beta_1h^\lambda+\alpha_1h^\lambda\beta_0)+\cdots$$
$$+\left(\sum_{k=0}^{n}\alpha_kh^{k\lambda}\cdot\sum_{k=0}^{n}\beta_kh^{k\lambda}-\sum_{k=0}^{n-1}\alpha_kh^{k\lambda}\cdot\sum_{k=0}^{n-1}\beta_kh^{k\lambda}\right)+\cdots,\qquad(4.30)$$

则(4.30)的前 m 项的部分和

$$S_m=\alpha_0\beta_0+\sum_{n=1}^{m}\left(\sum_{k=0}^{n}\alpha_kh^{k\lambda}\cdot\sum_{k=0}^{n}\beta_kh^{k\lambda}-\sum_{k=0}^{n-1}\alpha_kh^{k\lambda}\cdot\sum_{k=0}^{n-1}\beta_kh^{k\lambda}\right)$$
$$=\sum_{k=0}^{m}\alpha_kh^{k\lambda}\cdot\sum_{k=0}^{m}\beta_kh^{k\lambda}.$$

令 $m\to+\infty$，在 Mikusinski 的算符演算意义下收敛知(4.30)的和为

$$S=\lim_{m\to\infty}S_m=\left(\sum_{k=0}^{\infty}\alpha_kh^{k\lambda}\right)\cdot\left(\sum_{k=0}^{\infty}\beta_kh^{k\lambda}\right).$$

即在 Mikusinski 的算符演算意义下收敛有

$$\sum_{n=0}^{\infty}\left(\sum_{j=0}^{n}\alpha_j\beta_{n-j}\right)h^{n\lambda}$$

的和为

$$\left(\sum_{k=0}^{\infty}\alpha_kh^{k\lambda}\right)\cdot\left(\sum_{k=0}^{\infty}\beta_kh^{k\lambda}\right),$$

亦即

$$\left(\sum_{k=0}^{\infty}\alpha_kh^{k\lambda}\right)\cdot\left(\sum_{k=0}^{\infty}\beta_kh^{k\lambda}\right)=\sum_{n=0}^{\infty}\left(\sum_{j=0}^{n}\alpha_j\beta_{n-j}\right)h^{n\lambda}.$$

由定理 4.1 和 *Operational Calculus* 中第二部分第二章第 4 节的结果得：

* **定理 4.2**　级数

$$\sum_{n=0}^{\infty}\left(\sum_{j=0}^{n}\alpha_j\beta_{n-j}\right)h^{n\lambda}\ (\lambda>0)$$

为零当且仅当 $\alpha_n=0(n=0,1,2,\cdots)$ 或 $\beta_n=0(n=0,1,2,\cdots)$. ①

例如，移动算符级数

$$\sum_{n=0}^{\infty}nh^n=\frac{h}{(1-h)^2}\text{ 和 }\sum_{n=0}^{\infty}h^n=\frac{1}{1-h},$$

则有

$$\frac{h}{(1-h)^3}=\frac{h}{(1-h)^2}\cdot\frac{1}{1-h}$$

---

① 注：上述定理 4.1 和定理 4.2 的证明读者完全可以略去，只需记住其结论即可.

$$
\begin{aligned}
&= \left(\sum_{n=0}^{\infty} nh^n\right)\left(\sum_{n=0}^{\infty} h^n\right) \\
&= \sum_{n=0}^{\infty} \frac{n(n+1)}{2} h^n \\
&= \sum_{n=0}^{\infty} \frac{(n+1)(n+2)}{2} h^n - \sum_{n=0}^{\infty} (n+1) h^n \\
&= \frac{1}{(1-h)^3} - \frac{1}{(1-h)^2} = \frac{h}{(1-h)^3},
\end{aligned}
$$

(这里只需利用公式 $\frac{1}{(1-\beta h^{\lambda})^{1+k}} = \sum_{n=0}^{\infty} \binom{n+k}{k} \beta^n h^{n\lambda}$ 即可)，即利用定理 4.1 和以前获得的结果完全一样.

对于差分方程(4.24)，引入移动算符级数

$$
X = \sum_{n=0}^{\infty} \xi_n h^n
$$

后，得到等式(4.27). 现令

$$
\omega(t) = \frac{\beta_{k-1} t^{k-1} + \cdots + \beta_0}{\alpha_k t^k + \cdots + \alpha_0},
$$

$$
\Omega(t) = \frac{t^k}{\alpha_k t^k + \cdots + \alpha_0}.
$$

由于 $\omega(t)$，$\Omega(t)$ 在零点解析($\alpha_0 \neq 0$)，即有

$$
\omega(t) = \sum_{n=0}^{\infty} \alpha_n t^n, \Omega(t) = \sum_{n=0}^{\infty} \beta_n t^n,
$$

从而有

$$
\omega(h) = \sum_{n=0}^{\infty} \alpha_n h^n, \Omega(h) = \sum_{n=0}^{\infty} \beta_n h^n,
$$

故

$$
\begin{aligned}
X &= \sum_{n=0}^{\infty} \alpha_n h^n + \left(\sum_{n=0}^{\infty} \beta_n h^n\right)\left(\sum_{n=0}^{\infty} \delta_n h^n\right) \\
&= \sum_{n=0}^{\infty} \alpha_n h^n + \sum_{n=0}^{\infty} \left(\sum_{j=0}^{n} \beta_j \delta_{n-j}\right) h^n \\
&= \sum_{n=0}^{\infty} \left(\alpha_n + \sum_{j=0}^{n} \beta_j \delta_{n-j}\right) h^n.
\end{aligned}
$$

比较系数即得

$$
\xi_n = \alpha_n + \sum_{j=0}^{n} \beta_j \delta_{n-j} \quad (n = 0, 1, 2, \cdots).
$$

例 7　Fibonacci 序列由下列递推公式给出

$$\xi_{n+2}=\xi_{n+1}+\xi_n(\xi_0=\xi_1=1), \tag{4.31}$$

求其一般项 ξ_n.

解:令

$$X=\sum_{n=0}^{\infty}\xi_n h^n,$$

根据(4.31),则有

$$X=\frac{1}{1-h-h^2}=\sum_{n=0}^{\infty}\frac{1}{\sqrt{5}}\Big((\frac{1+\sqrt{5}}{2})^{n+1}-(\frac{1-\sqrt{5}}{2})^{n+1}\Big)h^n.$$

由定理 4.2 得

$$\xi_n=\frac{1}{\sqrt{5}}\Big((\frac{1+\sqrt{5}}{2})^{n+1}-(\frac{1-\sqrt{5}}{2})^{n+1}\Big),(n=0,1,2,\cdots).$$

对于一般的 n 阶常系数线性差分方程

$$a_0x(t)+a_1x(t+\lambda)+\cdots+a_nx(t+n\lambda)=f(t), \tag{4.32}$$

这里 $f=\{f(t)\}\in\mathfrak{V}$,$a_0,a_1,\cdots,a_n$ 为复数,$a_0a_n\neq0,\lambda>0$.

先在 $\mathfrak{V}$ 中进行算符运算,并将(4.32)化为算符方程

$$a_0x+a_1h^{-\lambda}x+\cdots+a_nh^{-n\lambda}x=f, \tag{4.33}$$

则有

$$x=\frac{h^{n\lambda}}{a_0h^{n\lambda}+\cdots+a_n}.$$

考虑解析函数

$$\omega(t)=\frac{t^n}{a_0t^n+\cdots+a_n}(a_0\neq0),$$

则有

$$\omega(t)=\sum_{n=0}^{\infty}\beta_nt^n,$$

即

$$\omega(h^\lambda)=\sum_{n=0}^{\infty}\beta_nh^{n\lambda}.$$

故方程(4.32)具有级数形式的解

$$x=(\sum_{n=0}^{\infty}\beta_nh^{n\lambda})f=\sum_{n=0}^{\infty}\beta_nh^{n\lambda}f.$$

即

$$x(t)=\sum_{n=0}^{\infty}\beta_n f(t-n\lambda). \tag{4.34}$$

显然,级数(4.34)为几乎一致收敛,更有对每个有限区间而言,级数(4.34)仅为有限和.

习题 4

1. 求下列初值问题的解.

(1) $x''-2\alpha x'+(\alpha^2+\beta^2)x=0, x(0)=0, x'(0)=1$;

(2) $x''+4x=\sin t, x(0)=x'(0)=0$;

(3) $x'''+x'=e^{2t}, x(0)=x'(0)=x''(0)=0$;

(4) $x''+x'=t^2+2t, x(0)=4, x'(0)=-2$;

(5) $x''-4x=\sin\frac{3}{2}t\cdot\sin\frac{1}{2}t, x(0)=1, x'(0)=0$.

【提示:化正弦的积为余弦的差】

2. 求在给定的初始条件下下列方程组的解.

(1) $\begin{cases}x'-y'-2x+2y=1-2t,\\ x''+2y'+x=0,\\ x(0)=y(0)=x'(0)=0;\end{cases}$

(2) $\begin{cases}x'=-y,\\ y'=2x+2y,\\ x(0)=y(0)=1;\end{cases}$

(3) $\begin{cases}x'+2y=3t,\\ y'-2x=4,\\ x(0)=2, y(0)=3;\end{cases}$

(4) $\begin{cases}x'-y'-y=e^t,\\ 2x'+y'+2y=\cos t,\\ x(0)=y(0)=0;\end{cases}$

(5) $\begin{cases} 2x'+y'-3x=0, \\ x''+y'-2y=e^{2t}, \\ x(0)=-1, x'(0)=1, y(0)=1; \end{cases}$

(6) $\begin{cases} x'-x+2y=0, \\ x''-2y'=2t-\cos 2t, \\ x(0)=0, x'(0)=-1. \end{cases}$

3. 求下列差分方程的解.

(1) $\xi_{n+2}-2\xi_{n+1}+2\xi_n=0, \xi_0=0, \xi_1=1$；

(2) $x(t+\frac{1}{2})-x(t)=e^t, t\geqslant 0$.

第5章

傅里叶变换

在阅读本章时，除了要求读者熟悉傅里叶级数基本理论，还要求读者具有一定的数学理解能力. 另外，本章内容与国内常见的《积分变换》教材的相关内容基本相同，作者在编写中除了对一些内容进行适当的删改和取舍，还对习题进行了一些调整.

§5.1 傅里叶积分

已知一个以 T 为周期的函数 $f_T(t)$，如果在 $\left[-\frac{T}{2},\frac{T}{2}\right]$ 上满足狄利克雷(Dirichlet)条件(简称狄氏条件)，即函数在 $\left[-\frac{T}{2},\frac{T}{2}\right]$ 上满足：1. 连续或只有有限个第一类间断点；2. 只有有限个极值点，那么在 $\left[-\frac{T}{2},\frac{T}{2}\right]$ 上就可以展成傅里叶级数. 在 $f_T(t)$ 的连续点处，级数为

$$f_T(t)=\frac{a_0}{2}+\sum_{n=1}^{\infty}(a_n\cos n\omega t+b_n\sin n\omega t), \tag{5.1}$$

其中 $\omega=\frac{2\pi}{T}$，

$$a_0=\frac{2}{T}\int_{-T/2}^{T/2}f_T(t)dt,$$

$$a_n=\frac{2}{T}\int_{-T/2}^{T/2}f_T(t)\cos n\omega t dt, (n=1,2,3,\cdots),$$

$$b_n=\frac{2}{T}\int_{-T/2}^{T/2}f_T(t)\sin n\omega t dt, (n=1,2,3,\cdots).$$

为了应用上的方便，利用欧拉(Euler)公式把傅里叶级数的三角形

式化为其复指数形式

$$\cos\omega=\frac{e^{i\omega}+e^{-i\omega}}{2},$$

$$\sin\omega=\frac{e^{i\omega}-e^{-i\omega}}{2i}=-i\frac{e^{i\omega}-e^{-i\omega}}{2}.$$

由此,式(5.1)为

$$f_T(t)=\frac{a_0}{2}+\sum_{n=1}^{\infty}(a_n\frac{e^{in\omega t}+e^{-in\omega t}}{2}+b_n\frac{e^{in\omega t}-e^{-in\omega t}}{2i})$$

$$=\frac{a_0}{2}+\sum_{n=1}^{\infty}(\frac{a_n-ib_n}{2}e^{in\omega t}+\frac{a_n+ib_n}{2}e^{-in\omega t}).$$

令

$$c_0=\frac{a_0}{2}=\frac{1}{T}\int_{-T/2}^{T/2}f_T(t)dt,$$

$$c_n=\frac{a_n-ib_n}{2}=\frac{1}{T}(\int_{-T/2}^{T/2}f_T(t)\cos n\omega tdt-i\int_{-T/2}^{T/2}f_T(t)\sin n\omega tdt)$$

$$=\frac{1}{T}\int_{-T/2}^{T/2}f_T(t)(\cos n\omega t-i\sin n\omega t)dt$$

$$=\frac{1}{T}\int_{-T/2}^{T/2}f_T(t)e^{-in\omega t}dt,(n=1,2,3,\cdots),$$

$$c_{-n}=\frac{a_n+ib_n}{2}=\frac{1}{T}\int_{-T/2}^{T/2}f_T(t)e^{in\omega t}dt,(n=1,2,3,\cdots),$$

即它们合写成一个式子

$$c_n=\frac{1}{T}\int_{-T/2}^{T/2}f_T(t)e^{-in\omega t}dt,(n=0,\pm1,\pm2,\pm3,\cdots).$$

若令

$$\omega_n=n\omega,(n=0,\pm1,\pm2,\pm3,\cdots),$$

则(5.1) 式可写为

$$f_T(t)=c_0+\sum_{n=1}^{\infty}(c_ne^{i\omega_nt}+c_{-n}e^{-i\omega_nt})=\sum_{n=-\infty}^{+\infty}c_ne^{i\omega_nt},$$

这是傅里叶级数的复指数形式,或者写为

$$f_T(t)=\frac{1}{T}\sum_{n=-\infty}^{+\infty}(\int_{-T/2}^{T/2}f_T(\tau)e^{-i\omega_n\tau}d\tau)e^{i\omega_nt}. \tag{5.2}$$

下面我们来讨论非周期函数的展开问题,任何一个非周期函数 $f(t)$ 都可以看出是由某个周期函数 $f_T(t)$ 在 $T\to+\infty$ 时转化而来的. 为了说明这一事实，我们作周期为 T 的函数 $f_T(t)$，使其在 $\left[-\frac{T}{2},\frac{T}{2}\right]$ 之内等于 $f(t)$，而在 $\left[-\frac{T}{2},\frac{T}{2}\right]$ 之外按周期 T 延拓出去，如图 5-1 所示.

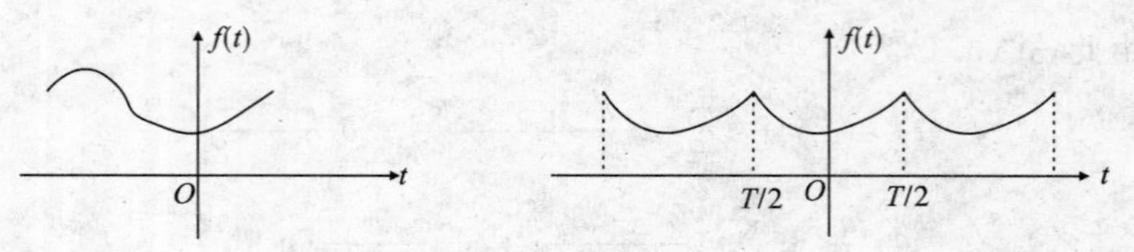

图 5-1

很显然，T 越大，$f_T(t)$ 与 $f(t)$ 相等的范围也越大. 这表明当 $T\to+\infty$ 时，周期函数 $f_T(t)$ 便可转化为 $f(t)$，即有

$$\lim_{T\to+\infty} f_T(t) = f(t).$$

这样，在(5.2) 中令 $T\to+\infty$时，结果就可以看出是 $f(t)$ 的展开式，即

$$f(t) = \lim_{T\to+\infty} \frac{1}{T}\sum_{n=-\infty}^{+\infty}\left(\int_{-T/2}^{T/2} f_T(\tau)e^{-i\omega_n\tau}d\tau\right)e^{i\omega_n t}.$$

当 n 取一切整数时，ω_n 所对应的点便均匀地分布在整个数轴上，如图 5-2 所示.

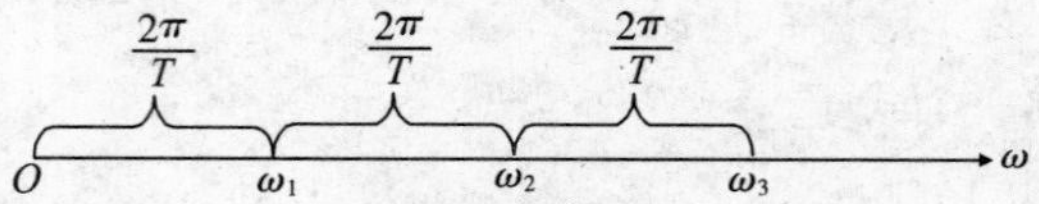

图 5-2

若两个相邻点的距离以 $\Delta\omega$ 表示，即

$$\Delta\omega = \omega_n - \omega_{n-1} = \frac{2\pi}{T} \text{ 或 } T = \frac{2\pi}{\Delta\omega},$$

则当 $T\to+\infty$时，有 $\Delta\omega\to 0$，故上面 $f(t)$ 又可以表示为

$$f(t) = \lim_{\Delta\omega\to 0} \frac{1}{2\pi}\sum_{n=-\infty}^{+\infty}\left(\int_{-T/2}^{T/2} f_T(\tau)e^{-i\omega_n\tau}d\tau\right)e^{i\omega_n t}\Delta\omega. \tag{5.3}$$

当 t 固定时，$\frac{1}{2\pi}\left(\int_{-T/2}^{T/2} f_T(\tau)e^{-i\omega\tau}d\tau\right)e^{i\omega t}$ 是参数 ω 的函数，记为 $\Phi_T(\omega)$，即

$$\Phi_T(\omega) = \frac{1}{2\pi}\left(\int_{-T/2}^{T/2} f_T(\tau)e^{-i\omega\tau}d\tau\right)e^{i\omega t}.$$

利用 $\Phi_T(\omega)$可将(5.3)写成

$$f(t)=\lim_{\Delta\omega\to 0}\sum_{n=-\infty}^{+\infty}\Phi_T(\omega_n)\Delta\omega.$$

很明显,当 $\Delta\omega\to 0$,即 $T\to+\infty$时,$\Phi_T(\omega)\to\Phi(\omega)$,其中

$$\Phi(\omega)=\frac{1}{2\pi}\left(\int_{-\infty}^{+\infty}f(\tau)e^{-i\omega\tau}d\tau\right)e^{i\omega t}.$$

从而 $f(t)$可以看作是 $\Phi(\omega)$在$(-\infty,+\infty)$上的积分

$$f(t)=\int_{-\infty}^{+\infty}\Phi(\omega)d\omega,$$

即

$$f(t)=\frac{1}{2\pi}\int_{-\infty}^{+\infty}\left(\int_{-\infty}^{+\infty}f(\tau)e^{-i\omega\tau}d\tau\right)e^{i\omega t}d\omega,$$

这公式称为函数 $f(t)$的傅里叶积分公式. 应该指出,上式只是由(5.3)式的右端从形式上推出来的,不具严格性. 至于一个非周期函数 $f(t)$在怎样的条件下,可以用傅里叶积分来表示,有下面的定理.

定理 5.1(傅里叶积分定理)　若 $f(t)$在$(-\infty,+\infty)$上满足下列条件:

1. $f(t)$在任一有限区间上满足狄利克雷条件;

2. $f(t)$在无限区间$(-\infty,+\infty)$上绝对可积(即积分$\int_{-\infty}^{+\infty}|f(t)|dt$收敛);

则有

$$f(t)=\frac{1}{2\pi}\int_{-\infty}^{+\infty}\left(\int_{-\infty}^{+\infty}f(\tau)e^{-i\omega\tau}d\tau\right)e^{i\omega t}d\omega \tag{5.4}$$

成立. 而左端的 $f(t)$在它的间断点 t 处,应以

$$\frac{f(t+0)+f(t-0)}{2}$$

来代替.

这一定理的证明在一般的高等数学教科书中能够查到,在此从略.

(5.4)式是 $f(t)$的傅里叶积分公式的复指数形式,利用欧拉公式,可转化为三角形式. 因为

$$\begin{aligned}f(t)&=\frac{1}{2\pi}\int_{-\infty}^{+\infty}\left(\int_{-\infty}^{+\infty}f(\tau)e^{-i\omega\tau}d\tau\right)e^{i\omega t}d\omega\\&=\frac{1}{2\pi}\int_{-\infty}^{+\infty}\left(\int_{-\infty}^{+\infty}f(\tau)e^{i\omega(t-\tau)}d\tau\right)d\omega\\&=\frac{1}{2\pi}\int_{-\infty}^{+\infty}\left(\int_{-\infty}^{+\infty}f(\tau)\cos\omega(t-\tau)d\tau+i\int_{-\infty}^{+\infty}f(\tau)\sin\omega(t-\tau)d\tau\right)d\omega.\end{aligned}$$

考虑到积分

$$\int_{-\infty}^{+\infty} f(\tau)\sin\omega(t-\tau)d\tau$$

是 ω 的奇函数,即

$$\int_{-\infty}^{+\infty}\left(\int_{-\infty}^{+\infty} f(\tau)\sin\omega(t-\tau)d\tau\right)d\omega = 0.$$

故

$$f(t) = \frac{1}{2\pi}\int_{-\infty}^{+\infty}\left(\int_{-\infty}^{+\infty} f(\tau)\cos\omega(t-\tau)d\tau\right)d\omega. \tag{5.5}$$

又考虑到积分

$$\int_{-\infty}^{+\infty} f(\tau)\cos\omega(t-\tau)d\tau$$

是 ω 的偶函数,(5.5)又可写为

$$f(t) = \frac{1}{\pi}\int_{0}^{+\infty}\left(\int_{-\infty}^{+\infty} f(\tau)\cos\omega(t-\tau)d\tau\right)d\omega, \tag{5.6}$$

这便是 $f(t)$的傅里叶积分公式的三角形式.

§5.2 傅里叶变换

我们知道,若函数 $f(t)$满足傅里叶积分定理中的条件,则在 $f(t)$的连续点处,有

$$f(t) = \frac{1}{2\pi}\int_{-\infty}^{+\infty}\left(\int_{-\infty}^{+\infty} f(\tau)e^{-i\omega\tau}d\tau\right)e^{i\omega t}d\omega \tag{5.7}$$

成立.

从(5.7)式出发,设

$$F(\omega) = \int_{-\infty}^{+\infty} f(t)e^{-i\omega t}dt, \tag{5.8}$$

则

$$f(t) = \frac{1}{2\pi}\int_{-\infty}^{+\infty} F(\omega)e^{i\omega t}d\omega. \tag{5.9}$$

从上面两式可以看出,$f(t)$和 $F(\omega)$通过指定的积分运算可以相互表达,式(5.8)叫做 $f(t)$的傅里叶变换式,可记为

$$\mathscr{F}(f(t)) = F(\omega).$$

$F(\omega)$叫做 $f(t)$的**象函数**,(5.9)式叫做 $F(\omega)$的**傅里叶逆变换式**,并称 $f(t)$为 $F(\omega)$的**象原函数**.

(5.8)式右端的积分运算,叫做取 $f(t)$的傅里叶变换;同样,(5.9)式右端的积分运算,叫做取 $F(\omega)$的傅里叶逆变换.即象函数 $F(\omega)$和象原函数 $f(t)$构成了一个傅里叶变换对.

例 1　求函数

$$f(t)=\begin{cases}0, & t<0,\\ e^{-\beta t}, & t\geqslant 0\end{cases}$$

的傅里叶变换及其积分表达式,其中 $\beta>0$.这个 $f(t)$叫做指数衰减函数,是工程技术中常遇到的一个函数.

解:根据(5.8)式,有

$$\begin{aligned}F(\omega)&=\mathscr{F}(f(t))=\int_{-\infty}^{+\infty}f(t)e^{-i\omega t}dt=\int_{0}^{+\infty}e^{-\beta t}e^{-i\omega t}dt\\&=\int_{0}^{+\infty}e^{-(\beta+i\omega)t}dt=\frac{1}{\beta+i\omega}=\frac{\beta-i\omega}{\beta^{2}+\omega^{2}},\end{aligned}$$

这即为指数衰减函数的傅里叶变换.下面我们来求指数衰减函数的积分表达式.

根据(5.9)式,并利用奇偶函数的积分性质,可得

$$\begin{aligned}f(t)&=\frac{1}{2\pi}\int_{-\infty}^{+\infty}F(\omega)e^{i\omega t}d\omega\\&=\frac{1}{2\pi}\int_{-\infty}^{+\infty}\frac{\beta-i\omega}{\beta^{2}+\omega^{2}}e^{i\omega t}d\omega\\&=\frac{1}{2\pi}\int_{-\infty}^{+\infty}\frac{\beta\cos\omega t+\omega\sin\omega t}{\beta^{2}+\omega^{2}}d\omega\\&=\frac{1}{\pi}\int_{0}^{+\infty}\frac{\beta\cos\omega t+\omega\sin\omega t}{\beta^{2}+\omega^{2}}d\omega.\end{aligned}$$

由此我们得到一个含参量广义积分的结果:

$$\frac{1}{\pi}\int_{0}^{+\infty}\frac{\beta\cos\omega t+\omega\sin\omega t}{\beta^{2}+\omega^{2}}d\omega=\begin{cases}0, & t<0,\\ \dfrac{\pi}{2}, & t=0,\\ \pi e^{-\beta t}, & t>0.\end{cases}$$

在物理和工程技术中,除了用到指数衰减函数以外,还常常会碰到单位脉冲函数.因为有许多物理现象具有脉冲性质,如在电学中,要研究线性电路受具有脉冲性质的电势作用后所产生的电流;在力学中,要研究机械系统受冲击力作用后的运动情况等.研究此类问题就会产生

我们介绍的脉冲函数.

在原来电流为零的电路中,某一瞬间(设为 $t=0$)进入一单位电量的脉冲,现在要确定电路上的电流 $I(t)$. 以 $q(t)$表示上述电量中的电荷函数,则

$$q(t)=\begin{cases}0, & t\neq 0,\\ 1, & t=0.\end{cases}$$

由于电流强度是电荷函数对时间的变化率,即

$$I(t)=\frac{dq(t)}{dt}=\lim_{\Delta t\to 0}\frac{q(t+\Delta t)-q(t)}{\Delta t},$$

所以,当 $t\neq 0$ 时,$I(t)=0$;当 $t=0$ 时,由于 $q(t)$是不连续的,从而在普通导数的意义下,$q(t)$在这一点是不能求导数的. 如果我们形式地计算这个导数,则得

$$I(0)=\lim_{\Delta t\to 0}\frac{q(0+\Delta t)-q(0)}{\Delta t}=\lim_{\Delta t\to 0}\left(-\frac{1}{\Delta t}\right)=\infty,$$

这就表明,在通常意义下的函数类中找不到一个函数能够用来表示上述电路的电流强度. 为了确定这种电路上的电流强度,必须引进一个新的函数,这个函数称为狄拉克(Dirac)函数,记成 δ—函数. 这一函数曾在第三章§3.1 中简单地提及过,由于它涉及的内容很多,知识基础很深,故在此仅作应用方面的引入,读者只需记住其结论即可.

有了 δ—函数,对于许多集中于一点或一瞬时的量,例如点电荷、点热源、集中于一点的质量以及脉冲技术中非常窄的脉冲等,就能够像处理连续分布的量那样,以统一的方式加以解决.

对于一个 δ—函数 $\delta(t)$,它具有如下性质:

(1) $\int_{-\infty}^{+\infty}\delta(t)dt=1$.

(2) 对每个无穷可微函数 $f(t)$有

$$\int_{-\infty}^{+\infty}\delta(t-t_0)f(t)dt=f(t_0), \tag{5.10}$$

特别有

$$\int_{-\infty}^{+\infty}\delta(t)f(t)dt=f(0). \tag{5.11}$$

我们可以把满足上述性质(1)和性质(2)的函数 $\delta(t)$看作 δ—函数的定义. 尽管 δ—函数是一种广义的函数,但它和任何一个无穷次可微函数的乘积在$(-\infty,+\infty)$上的积分却有确定的意义,这就使得 δ—函

数在近代物理和工程技术中有着较为广泛的应用前景.

根据(5.11)式,我们可以很方便地求出 δ一函数的傅里叶变换:

$$F(\omega)=\mathscr{F}(\delta(t))=\int_{-\infty}^{+\infty}\delta(t)e^{-i\omega t}dt=e^{-i\omega t}\big|_{t=0}=1.$$

可见,单位脉冲函数(工程上常这样称 δ一函数) $\delta(t)$与常数 1 构成了一个傅里叶变换对. 同理,$\delta(t-t_0)$和 $e^{-i\omega t_0}$ 也构成了一个傅里叶变换对.

需要指出的是,这里为了方便起见,我们将 $\delta(t)$的傅里叶变换仍旧写成古典定义的形式,所不同的是,此处广义积分是按

$$\int_{-\infty}^{+\infty}\delta(t)f(t)dt=\lim_{\varepsilon\to 0}\int_{-\infty}^{+\infty}\delta_\varepsilon(t)dt \tag{5.12}$$

来定义的,而不是普通意义下的积分值(这里 $\delta_\varepsilon(t)$的定义见第三章§3.1). 所以,$\delta(t)$的傅里叶变换是一种广义傅里叶变换,这一点对下面的几个例子也是如此.

在物理学和工程技术中,有许多重要函数不满足傅里叶积分定理中的绝对可积条件,即不满足条件

$$\int_{-\infty}^{+\infty}|f(t)|dt<\infty.$$

例如常数、符号函数、单位阶跃函数以及正、余弦函数等,然而它们的广义傅里叶变换也是存在的,利用单位脉冲函数及其傅里叶变换就可以求出它们的傅里叶变换. 所谓广义是相对于古典意义而言的,在广义意义下,同样可以说,象函数

$F(\omega)$和象原函数 $f(t)$也构成一个傅里叶变换对. 为了不涉及到 δ一函数的较深入的理论,我们可以通过傅里叶逆变换来推证单位阶跃函数的傅里叶变换.

例 2　证明单位阶跃函数

$$u(t)=\begin{cases}0, & t<0,\\ 1, & t>0\end{cases}$$

的傅里叶变换为

$$\frac{1}{i\omega}+\pi\delta(\omega).$$

证明: 若 $F(\omega)=\dfrac{1}{i\omega}+\pi\delta(\omega)$,则按傅里叶逆变换可得

$$f(t)=\frac{1}{2\pi}\int_{-\infty}^{+\infty}\left(\frac{1}{i\omega}+\pi\delta(\omega)\right)e^{i\omega t}d\omega$$

$$= \frac{1}{2\pi}\int_{-\infty}^{+\infty}\pi\delta(\omega)e^{i\omega t}d\omega + \frac{1}{2\pi}\int_{-\infty}^{+\infty}\frac{e^{i\omega t}}{i\omega}d\omega$$

$$= \frac{1}{2}\int_{-\infty}^{+\infty}\delta(\omega)e^{i\omega t}d\omega + \frac{1}{2\pi}\int_{-\infty}^{+\infty}\frac{\sin\omega t}{\omega}d\omega$$

$$= \frac{1}{2} + \frac{1}{\pi}\int_{0}^{+\infty}\frac{\sin\omega t}{\omega}d\omega.$$

为了说 明 $f(t)=u(t)$，就必须计算积分$\int_{0}^{+\infty}\frac{\sin\omega t}{\omega}d\omega$. 因为我们已有公式(可见《数学手册》)

$$\int_{0}^{+\infty}\frac{\sin\omega t}{\omega}d\omega = \frac{\pi}{2},$$

因此有

$$\int_{0}^{+\infty}\frac{\sin\omega t}{\omega}d\omega = \begin{cases} -\frac{\pi}{2}, & t<0, \\ 0, & t=0, \\ \frac{\pi}{2}, & t>0, \end{cases}$$

其中当 $t=0$ 时，结果是显然的；当 $t<0$ 时，可令 $\nu=-t\omega$，则

$$\int_{0}^{+\infty}\frac{\sin\omega t}{\omega}d\omega = \int_{0}^{+\infty}\frac{\sin(-\nu)}{\nu}d\nu = -\int_{0}^{+\infty}\frac{\sin\nu}{\nu}d\nu = -\frac{\pi}{2};$$

同理，当 $t>0$ 时有

$$\int_{0}^{+\infty}\frac{\sin\omega t}{\omega}d\omega = \frac{\pi}{2}.$$

将此结果代入 $f(t)$的表达式中，当 $t\neq 0$ 时，可得

$$f(t) = \frac{1}{2} + \frac{1}{\pi}\int_{0}^{+\infty}\frac{\sin\omega t}{\omega}d\omega = \begin{cases} \frac{1}{2}+\frac{1}{\pi}(-\frac{\pi}{2})=0, & t<0, \\ \frac{1}{2}+\frac{1}{\pi}(\frac{\pi}{2})=1, & t>0, \end{cases}$$

这表明$\frac{1}{i\omega}+\pi\delta(\omega)$的傅里叶逆变换为 $f(t)=u(t)$. 因此，$u(t)$和$\frac{1}{i\omega}+\pi\delta(\omega)$构成了一个傅里叶变换对. 所以，单位阶跃函数 $u(t)$的积分表达式可写为

$$u(t) = \frac{1}{2} + \frac{1}{\pi}\int_{0}^{+\infty}\frac{\sin\omega t}{\omega}d\omega, (t\neq 0).$$

同样，若 $F(\omega)=2\pi\delta(\omega)$时，则由傅里叶逆变换可得

$$f(t) = \frac{1}{2\pi}\int_{-\infty}^{+\infty}F(\omega)e^{i\omega t}d\omega = \frac{1}{2\pi}\int_{-\infty}^{+\infty}2\pi\delta(\omega)e^{i\omega t}d\omega = 1.$$

所以,1 和 $2\pi\delta(\omega)$也构成了一个傅里叶变换对.同理,$e^{i\omega_0 t}$和 $2\pi\delta(\omega-\omega_0)$也构成了一个傅里叶变换对.由此可得

$$\int_{-\infty}^{+\infty} e^{-i\omega t}dt = 2\pi\delta(\omega)\int_{-\infty}^{+\infty} e^{-i(\omega-\omega_0)t}dt = 2\pi\delta(\omega-\omega_0).$$

显然,这两个积分在普通意义下都是不存在的,这里积分的定义仍是按(5.12)式来定义的.

例 3　求正弦函数 $f(t)=\sin\omega_0 t$ 的傅里叶变换.

解:根据傅里叶变换公式,有

$$\begin{aligned}F(\omega) &= \mathscr{F}(f(t)) = \int_{-\infty}^{+\infty} \sin\omega_0 t e^{-i\omega t}dt \\ &= \int_{-\infty}^{+\infty} \frac{e^{i\omega_0 t}-e^{-i\omega_0 t}}{2i}e^{-i\omega t}dt \\ &= \frac{1}{2i}\int_{-\infty}^{+\infty} e^{i(\omega-\omega_0)t}-e^{-i(\omega+\omega_0)t}dt \\ &= \frac{1}{2i}(2\pi\delta(\omega-\omega_0)-2\pi\delta(\omega+\omega_0)) \\ &= i\pi(\delta(\omega+\omega_0)-\delta(\omega-\omega_0)).\end{aligned}$$

通过上述讨论,可以看出引入 $\delta-$函数的重要性,它使得在普通意义下某些不收敛积分有了确定的数值;而且利用 $\delta-$函数及其傅里叶变换可以很方便地得到工程技术上许多重要函数的傅里叶变换;并且使得许多变换的推导大大地简化.因此,上述介绍的 $\delta-$函数的目的正是为了提供一个有用的数学工具,而不苛求其在数学上的严谨叙述或证明.

傅里叶变换和频谱概念有着非常密切的关系,随着无线电技术、声学、振动学的蓬勃发展,频谱理论也相应地得到了发展,它的应用也越来越广泛.下面简单地介绍一下频谱的基本概念.

在傅里叶级数理论中,我们已经知道,对于以 T 为周期的非正弦函数 $f(t)$,它的第 n 次谐波($\omega_n=n\omega=\frac{2n\pi}{T}$)

$$a_n\cos\omega_n t+b_n\sin\omega_n t=A_n\sin(\omega_n t+\phi_n)$$

的振幅为

$$A_n = \sqrt{a_n^2+b_n^2}.$$

而在复指数形式中,第 n 次谐波为

$$c_n e^{i\omega_n t}+c_{-n}e^{-i\omega_n t},$$

其中

$$c_n=\frac{a_n-ib_n}{2},c_{-n}=\frac{a_n+ib_n}{2},$$

并且

$$|c_n|=|c_{-n}|=\frac{1}{2}\sqrt{a_n^2+b_n^2}.$$

故以 T 为周期的非正弦函数 $f(t)$的第 n 次谐波的振幅为

$$A_n=2|c_n|,(n=0,1,2,\cdots),$$

它描述了各次谐波的振幅随频率变化的分布情况.所谓频谱图,通常是指频率和振幅的关系图,所以 A_n 称为 $f(t)$的振幅频谱(简称"频谱").由于 $n=0,1,2,\cdots$,所以频谱 A_n 的图形是不连续的,称为离散频谱.它清楚地表明了一个非正弦周期函数包含了哪些频谱分量及各分量所占的比重(如振幅的大小).因此频谱图在工程技术中应用比较广泛.例如,图 5-3 所示的周期性矩形脉冲,在一个周期 T 内的表达式为

$$f(t)=\begin{cases}0, & -T/2\leqslant t<-\tau/2,\\ E, & -\tau/2\leqslant t<T/2,\\ 0, & \tau/2\leqslant t\leqslant T/2.\end{cases}$$

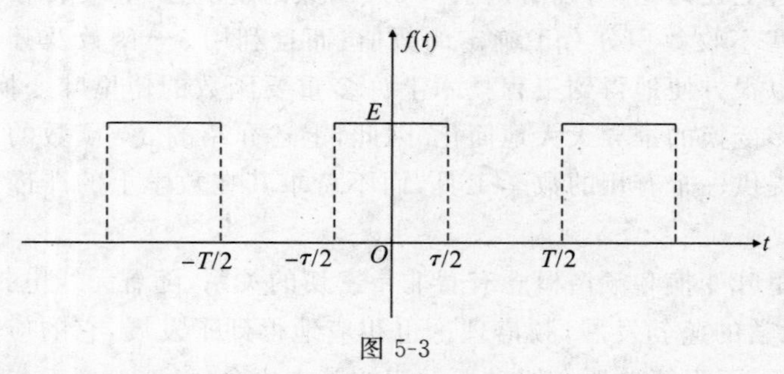

图 5-3

它的傅里叶级数的复指数形式为

$$f(t)=\frac{E\tau}{T}+\sum_{\substack{n=-\infty\\ n\neq 0}}^{+\infty}\frac{E}{n\pi}\sin\frac{n\pi\tau}{T}e^{in\omega t}.$$

可见 $f(t)$的傅里叶系数为

$$c_0=\frac{E\tau}{T},c_n=\frac{E}{n\pi}\sin\frac{n\pi\tau}{T},(n=\pm 1,\pm 2,\pm 3,\cdots).$$

它的频谱为

$$A_0=2|c_0|=\frac{2E\tau}{T},$$

$$A_n = 2|c_n| = \frac{2E}{n\pi}\left|\sin\frac{n\pi\tau}{T}\right|, (n = 1,2,3,\cdots).$$

如 $T=4\tau$ 时,

$$A_0 = \frac{E}{2}, A_n = \frac{2E}{n\pi}\left|\sin\frac{n\pi}{4}\right|, \omega_n = n\omega = \frac{n\pi}{2\tau}, (n = 1,2,3,\cdots).$$

这样,我们把计算出来的各次谐波振幅的数值,在频谱图中直观地表示出来,如图 5-4 所示.

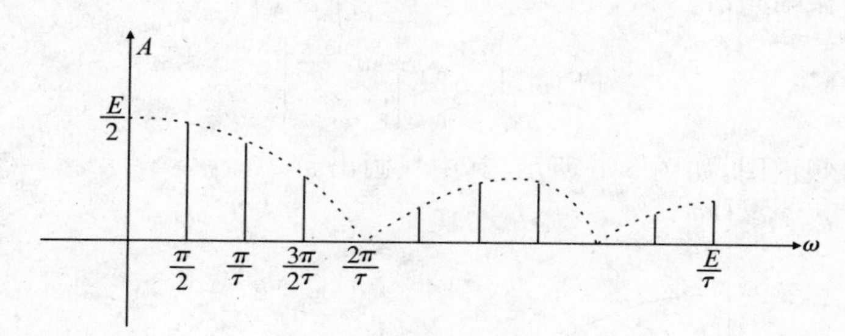

图 5-4

对于非周期函数 $f(t)$,当它满足傅里叶积分定理中的条件时,则在 $f(t)$ 的连续点处可表示为

$$f(t) = \frac{1}{2\pi}\int_{-\infty}^{+\infty} F(\omega)e^{i\omega t}d\omega,$$

其中

$$F(\omega) = \int_{-\infty}^{+\infty} f(t)e^{-i\omega t}dt$$

为它的傅里叶变换. 在频谱分析中,傅里叶变换 $F(\omega)$ 又称为 $f(t)$ 的频谱函数,而频谱函数的模 $|F(\omega)|$ 称为 $f(t)$ 的振幅频谱(简称为频谱). 由于 ω 是连续变化的,我们称之为连续频谱. 对一个时间函数作傅里叶变换,就是求这个时间函数的频谱.

例 4　作图 5-5 中所示的单个矩形脉冲的频谱图.

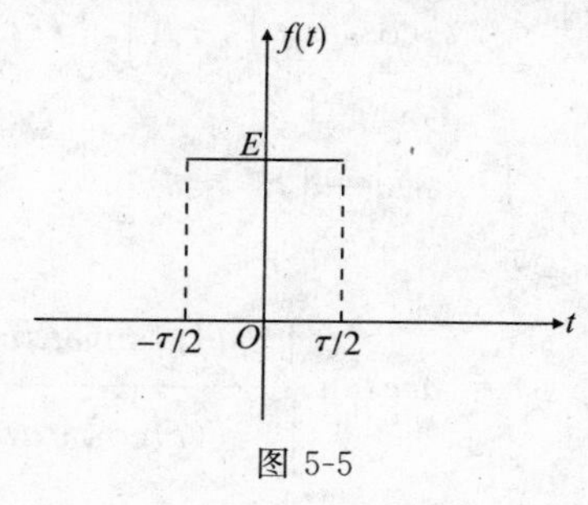

图 5-5

根据上面的讨论,单个矩形脉冲的频谱函数为

$$\begin{aligned} F(\omega) &= \int_{-\infty}^{+\infty} f(t) e^{-i\omega t} dt \\ &= \int_{-\tau/2}^{\tau/2} E e^{-i\omega t} dt \\ &= \frac{2E}{\omega} \sin \frac{\omega\tau}{2}. \end{aligned}$$

再根据振幅频谱

$$|F(\omega)| = 2E \left| \frac{\sin \frac{\omega\tau}{2}}{\omega} \right|,$$

可作出频谱图,如图 5-6 所示(其中只画出 $\omega \geqslant 0$ 这一半).

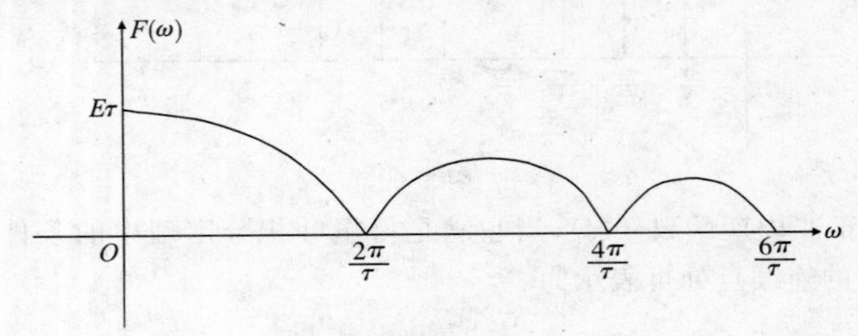

图 5-6

此外,振幅频谱 $|F(\omega)|$ 是频率 ω 的偶函数,即

$$|F(\omega)| = |F(-\omega)|.$$

事实上,

$$\begin{aligned} F(\omega) &= \int_{-\infty}^{+\infty} f(t) e^{-i\omega t} dt \\ &= \int_{-\infty}^{+\infty} f(t) \cos\omega t dt - i \int_{-\infty}^{+\infty} f(t) \sin\omega t dt, \end{aligned}$$

所以,

$$|F(\omega)| = \sqrt{\left(\int_{-\infty}^{+\infty} f(t) \cos\omega t dt\right)^2 + \left(\int_{-\infty}^{+\infty} f(t) \sin\omega t dt\right)^2},$$

显然有

$$|F(\omega)| = |F(-\omega)|.$$

定义

$$\boldsymbol{C}(\omega) = arc\tan \frac{\int_{-\infty}^{+\infty} f(t) \sin\omega t dt}{\int_{-\infty}^{+\infty} f(t) \cos\omega t dt}$$

为 $f(t)$的相角频谱. 显然，相角频谱 $\boldsymbol{C}(\omega)$是 ω 的奇函数，即 $\boldsymbol{C}(\omega)=-\boldsymbol{C}(-\omega)$，在此对其不作详细讨论.

例 5　作指数衰减函数

$$f(t)=\begin{cases}0, & t<0,\\ e^{-\beta t}, & t\geqslant 0,\beta>0\end{cases}$$

的频谱图.

解:根据(5.8)式和例 1 的结果，可得

$$F(\omega)=\frac{1}{\beta+i\omega},$$

故

$$|F(\omega)|=\frac{1}{\sqrt{\beta^2+\omega^2}}.$$

频谱图形如图 5-7 所示.

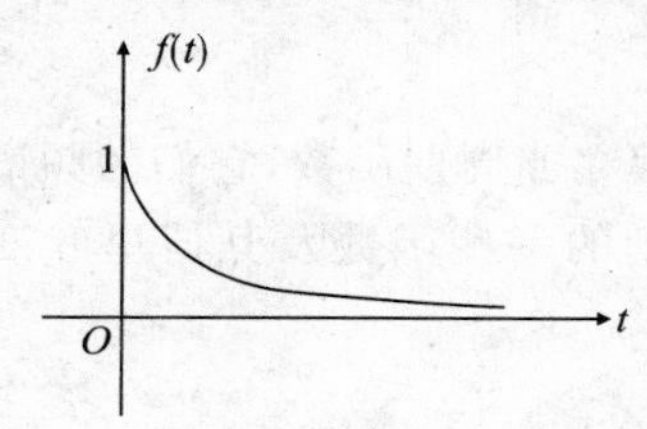

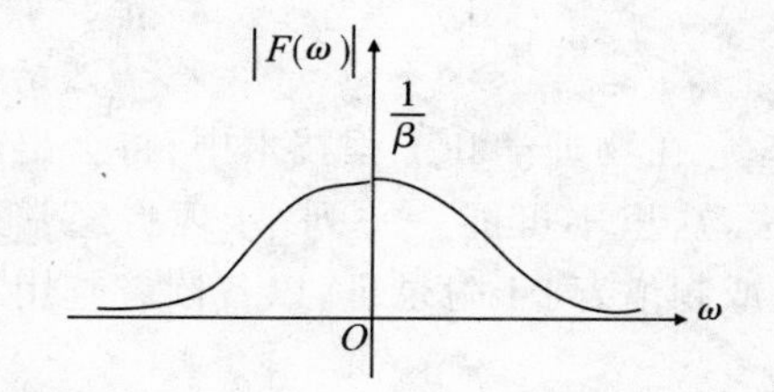

图 5-7

例 6　作单位脉冲函数 $\delta(t)$的频谱图.

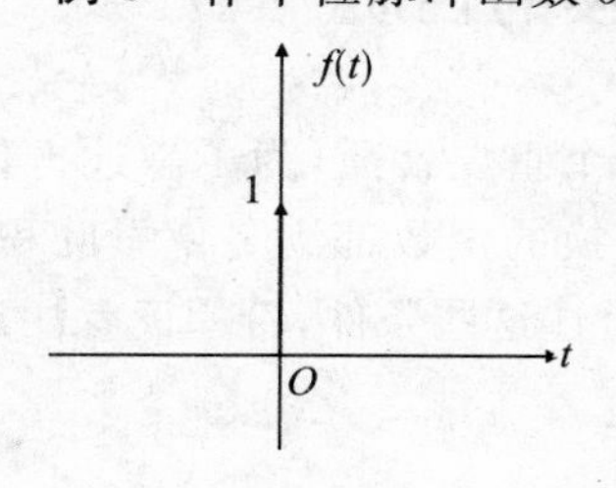

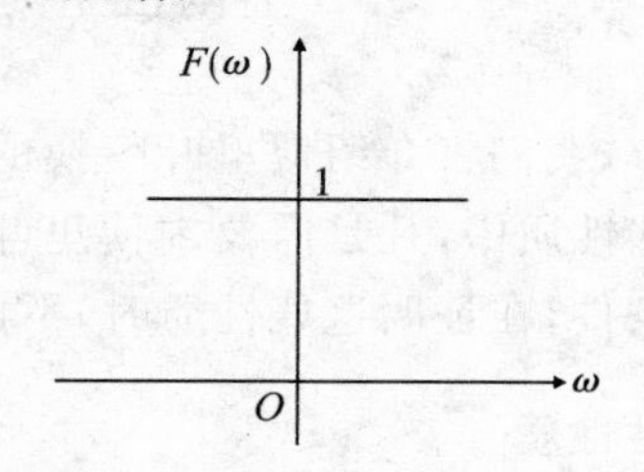

图 5-8

解:根据(5.11)式，有

$$F(\omega)=\int_{-\infty}^{+\infty}\delta(t)e^{-i\omega t}dt=1.$$

它们的图形表示在图 5-8 中.

同样，当 $f(t)=\delta(t-t_0)$时，$F(\omega)=e^{-i\omega t_0}$，而 $f(t)$的振幅频谱为

$$|F(\omega)|=1.$$

当 $f(t)=1$ 时，$F(\omega)=\pi\delta(\omega)$.

它们的图形分别表示在图 5-9 和图 5-10 中.

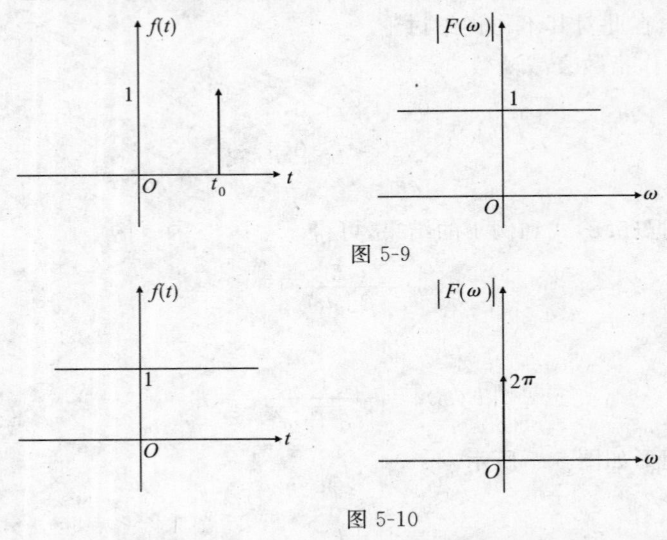

图 5-9

图 5-10

在物理学和工程技术中,将会出现很多非周期函数,它们的频谱求法,这里不可能一一列举. 现将经常遇到的一些函数及其傅里叶变换(或频谱)列于附录Ⅲ,以备读者查用.

§5.3 傅里叶变换的性质

这一节,我们将介绍傅里叶变换的几个重要性质,为了叙述方便,假定在这些性质中,凡是需要求傅里叶变换的函数都满足傅里叶积分定理中的条件,在证明这些性质时,不再重述这些条件,希望读者注意.

1. 线性性质

设 $F_1(\omega)=\mathscr{F}(f_1(t))$,$F_2(\omega)=\mathscr{F}(f_2(t))$,$\alpha$,$\beta$ 是常数,则

$$\mathscr{F}(\alpha f_1(t)+\beta f_2(t))=\alpha F_1(\omega)+\beta F_2(\omega). \tag{5.13}$$

这个性质的作用是很显然的,它表明了函数线性组合的傅里叶变换等于各函数傅里叶变换的线性组合,它的证明只需根据定义就可推出.

同样象函数 $\alpha F_1(\omega)+\beta F_2(\omega)$ 的象原函数(即逆变换)为 $\alpha f_1(t)+\beta f_2(t)$.

2. 位移性质

$$\mathscr{F}(f(t\pm t_0))=e^{\pm i\omega t_0}\mathscr{F}(f(t)). \tag{5.14}$$

它表明时间函数 $f(t)$ 沿 t 轴向左向右位移 t_0 的傅里叶变换等于 $f(t)$ 的傅里叶变换乘以因子 $e^{i\omega t_0}$ 或 $e^{-i\omega t_0}$.

证明:由傅里叶变换的定义,可知

$$\begin{aligned}\mathscr{F}(f(t\pm t_0)) &= \int_{-\infty}^{+\infty} f(t\pm t_0)e^{-i\omega t}dt \\ (\text{令 } t\pm t_0=u) \quad &= \int_{-\infty}^{+\infty} f(u)e^{-i\omega(u\mp t_0)}du \\ &= e^{\pm i\omega t_0)}\int_{-\infty}^{+\infty} f(u)e^{-i\omega u}du \\ &= e^{\pm i\omega t_0}\mathscr{F}(f(t)).\end{aligned}$$

同样,傅里叶变换的逆变换亦具此性质,即象函数 $F(\omega\mp\omega_0)$ 的象原函数为 $f(t)e^{\pm i\omega_0 t}$,它表明频谱函数 $F(\omega)$ 沿 ω 轴向右或向左位移 ω_0 的傅里叶逆变换等于原来的函数 $f(t)$ 乘以因子 $e^{i\omega_0 t}$ 或 $e^{-i\omega_0 t}$.

例 7　求矩形单脉冲

$$f(t)=\begin{cases}E, & 0<t<\tau, \\ 0, & \text{其他}\end{cases}$$

的频谱函数.

解:根据傅里叶变换的定义,有

$$\begin{aligned}F(\omega) &= \int_{-\infty}^{+\infty} f(t)e^{-i\omega t}dt = \int_0^{\tau} Ee^{-i\omega t}dt \\ &= -\frac{E}{i\omega}e^{-i\omega t}\Big|_0^{\tau} \\ &= -\frac{E}{i\omega}(1-\cos\omega\tau+i\sin\omega\tau) \\ &= \frac{E}{\omega}e^{-i\frac{\omega\tau}{2}}\sin\frac{\omega\tau}{2}.\end{aligned}$$

如果根据本章第二节例 4 介绍的矩形单脉冲

$$f_1(t)=\begin{cases}E, & -\frac{\tau}{2}<t<\frac{\tau}{2}, \\ 0, & \text{其他}\end{cases}$$

的频谱函数

$$F_1(\omega)=\frac{2E}{\omega}\sin\frac{\omega\tau}{2}.$$

利用位移性质，就可以很方便地得到上述 $F(\omega)$；因为 $f(t)$ 可以由 $f_1(t)$ 在时间轴上向右平移 $\frac{\tau}{2}$ 得到，所以

$$F(\omega)=\mathscr{F}(f(t))=\mathscr{F}\left(f_1(t-\frac{\tau}{2})\right)=e^{-i\omega\frac{\tau}{2}}F_1(\omega)=\frac{2E}{\omega}e^{-i\frac{\omega\tau}{2}}\sin\frac{\omega\tau}{2},$$

且 $|F(\omega)|=|F_1(\omega)|=\frac{2E}{\omega}\left|\sin\frac{\omega\tau}{2}\right|$.

两种解法的结果一致，它们的频谱图见图 5－6.

3. 微分性质

如果当 $|t|\to+\infty$ 时，$f(t)\to 0$，且只有有限个可去间断点，则

$$\mathscr{F}(f'(t))=i\omega\mathscr{F}(f(t)). \tag{5.15}$$

证明：根据傅里叶变换的定义，并利用分部积分可得

$$\begin{aligned}\mathscr{F}(f'(t))&=\int_{-\infty}^{+\infty}f'(t)e^{-i\omega t}dt\\&=f(t)e^{-i\omega t}\Big|_{-\infty}^{+\infty}+i\omega\int_{-\infty}^{+\infty}f(t)e^{-i\omega t}dt\\&=i\omega\mathscr{F}(f(t)).\end{aligned}$$

它表明一个函数的导数的傅里叶变换等于这个函数的傅里叶变换乘以因子 $i\omega$.

推论 若 $\lim\limits_{|t|\to+\infty}f^{(k)}(t)=0, k=0,1,2,\cdots,n-1$，且满足微分性质的条件，则有

$$\mathscr{F}(f^{(n)}(t))=(i\omega)^n\mathscr{F}(f(t)). \tag{5.16}$$

同样，我们还能得到象函数的导数公式，设 $\mathscr{F}(f(t))=F(\omega)$，则

$$\frac{d}{d\omega}F(\omega)=\mathscr{F}(-i\cdot t\cdot f(t)).$$

一般的有

$$\frac{d^n}{d\omega^n}F(\omega)=(-i)^n\mathscr{F}(t^n\cdot f(t)).$$

4. 积分性质

如果当 $t\to+\infty$ 时，$\int_{-\infty}^{t}f(t)dt\to 0$，则

$$\mathscr{F}(\textstyle\int_{-\infty}^{t}f(t)dt)=\frac{1}{i\omega}\mathscr{F}(f(t)). \tag{5.17}$$

证明:因为

$$\frac{d}{dt}\int_{-\infty}^{t} f(t)dt = f(t),$$

所以

$$\mathscr{F}\left(\frac{d}{dt}\int_{-\infty}^{t} f(t)dt\right) = \mathscr{F}(f(t)).$$

又根据上述微分性质,有

$$\mathscr{F}\left(\frac{d}{dt}\int_{-\infty}^{t} f(t)dt\right) = i\omega\mathscr{F}\left(\int_{-\infty}^{t} f(t)dt\right),$$

故

$$\mathscr{F}\left(\int_{-\infty}^{t} f(t)dt\right) = \frac{1}{i\omega}\mathscr{F}(f(t)).$$

它表明一个函数的积分后的傅里叶变换等于这个函数的傅里叶变换除以因子 $i\omega$.

例 8　求微分积分方程

$$ax'(t) + bx(t) + c\int_{-\infty}^{t} x(t)dt = h(t)$$

的解,其中 $-\infty < t < +\infty$, a,b,c 均为常数.

根据傅里叶变换的微分性质和积分性质,且记

$$\mathscr{F}(x(t)) = X(\omega), \mathscr{F}(h(t)) = H(\omega).$$

在方程式两边取傅里叶变换,可得

$$ai\omega X(\omega) + bX(\omega) + \frac{c}{i\omega}X(\omega) = H(\omega),$$

$$X(\omega) = \frac{H(\omega)}{b + i(a\omega - \frac{c}{\omega})}.$$

求上式的傅里叶逆变换,可得

$$x(t) = \mathscr{F}(f(t)) = \frac{1}{2\pi}\int_{-\infty}^{+\infty} X(\omega)e^{-i\omega t}d\omega.$$

运用傅里叶变换的线性性质、微分性质以及积分性质,可以把线性常系数微分方程转化为代数方程,通过解代数方程与求傅里叶逆变换,就可以得到此微分方程的解. 另外,傅里叶变换还是求解数学物理方程的一个方法,其计算过程与解常微分方程大体相似,在这里就不举例了.

5. 乘积定理

设 $F_1(\omega)=\mathscr{F}(f_1(t))$，$F_2(\omega)=\mathscr{F}(f_2(t))$，则

$$\int_{-\infty}^{+\infty} f_1(t)f_2(t)dt = \frac{1}{2\pi}\int_{-\infty}^{+\infty} \overline{F_1(\omega)}F_2(\omega)d\omega = \frac{1}{2\pi}\int_{-\infty}^{+\infty} F_1(\omega)\,\overline{F_2(\omega)}d\omega. \tag{5.18}$$

其中 $f_1(t)$，$f_2(t)$为 t 的实函数，而$\overline{F_1(\omega)}$，$\overline{F_2(\omega)}$分别为 $F_1(\omega)$，$F_2(\omega)$的共轭函数.

证明: $$\int_{-\infty}^{+\infty} f_1(t)f_2(t)dt = \int_{-\infty}^{+\infty} f_1(t)\left(\frac{1}{2\pi}\int_{-\infty}^{+\infty} F_2(\omega)e^{i\omega t}d\omega\right)dt = \frac{1}{2\pi}\int_{-\infty}^{+\infty} f_2(t)\left(\int_{-\infty}^{+\infty} f_1(t)e^{i\omega t}dt\right)d\omega.$$

因为 $e^{i\omega t}=\overline{e^{-i\omega t}}$，而 $f_1(t)$是时间 t 的实函数，所以

$$f_1(t)e^{i\omega t} = f_1(t)\,\overline{e^{-i\omega t}} = \overline{f_1(t)e^{-i\omega t}},$$

故

$$\int_{-\infty}^{+\infty} f_1(t)f_2(t)dt = \frac{1}{2\pi}\int_{-\infty}^{+\infty} F_2(\omega)\left(\int_{-\infty}^{+\infty} \overline{f_1(t)e^{-i\omega t}}dt\right)d\omega = \frac{1}{2\pi}\int_{-\infty}^{+\infty} F_2(\omega)\left(\overline{\int_{-\infty}^{+\infty} f_1(t)e^{-i\omega t}dt}\right)d\omega = \frac{1}{2\pi}\int_{-\infty}^{+\infty} \overline{F_1(\omega)}F_2(\omega)d\omega.$$

同理可证

$$\int_{-\infty}^{+\infty} f_1(t)f_2(t)dt = \frac{1}{2\pi}\int_{-\infty}^{+\infty} F_1(\omega)\,\overline{F_2(\omega)}d\omega.$$

6. 能量积分

设 $F(\omega)=\mathscr{F}(f(t))$，则有

$$\int_{-\infty}^{+\infty} (f(t))^2 dt = \frac{1}{2\pi}\int_{-\infty}^{+\infty} |F(\omega)|^2 d\omega, \tag{5.19}$$

这一等式又被称为巴塞瓦(Parseval)等式.

证明:在(5.18)式中，令 $f_1(t)=f_2(t)=f(t)$，则

$$\int_{-\infty}^{+\infty} (f(t))^2 dt = \frac{1}{2\pi}\int_{-\infty}^{+\infty} F(\omega)\,\overline{F(\omega)}d\omega = \frac{1}{2\pi}\int_{-\infty}^{+\infty} |F(\omega)|^2 d\omega = \frac{1}{2\pi}\int_{-\infty}^{+\infty} S(\omega)d\omega,$$

其中

$$S(\omega)=|F(\omega)|^2$$

称为能量密度函数(或称能量谱密度),它可以决定函数 $f(t)$ 的能量分布规律,将它对所有频率积分就能得到 $f(t)$ 的总能量

$$\int_{-\infty}^{+\infty}(f(t))^2dt.$$

显然,能量密度函数 $S(\omega)$ 是 ω 的偶函数,即

$$S(\omega)=S(-\omega).$$

利用能量积分还可以计算某些积分的数值.

例 9 求 $\int_{-\infty}^{+\infty}\frac{\sin^2 x}{x}dx$.

解:根据巴塞瓦等式

$$\int_{-\infty}^{+\infty}(f(t))^2dt=\frac{1}{2\pi}\int_{-\infty}^{+\infty}|F(\omega)|^2d\omega$$

可知,若设 $f(t)=\frac{\sin^2 t}{t}$,则它的傅里叶变换可按附录Ⅲ中第5式,得到

$$F(\omega)=\begin{cases}\pi, & |\omega|<1,\\ 0, & 其他.\end{cases}$$

故

$$\int_{-\infty}^{+\infty}\frac{\sin^2 t}{t}dt=\frac{1}{2\pi}\int_{-\infty}^{+\infty}|F(\omega)|^2d\omega=\frac{1}{2\pi}\int_{-1}^{1}\pi^2d\omega=\pi.$$

若设 $F(\omega)=\frac{\sin\omega}{\omega}$,则由本章第二节的例4可知

$$f(t)=\begin{cases}\frac{1}{2}, & |t|<1,\\ 0, & 其他.\end{cases}$$

故

$$\int_{-\infty}^{+\infty}\frac{\sin^2\omega}{\omega^2}d\omega=2\pi\int_{-\infty}^{+\infty}(f(t))^2dt=2\pi\int_{-1}^{1}\frac{1}{4}dt=\pi.$$

由此可知,当此类积分的被积函数为 $(\mathscr{F}(x))^2$ 时,取 $\mathscr{F}(x)$ 为象原函数或象函数都可以求得积分的结果.

§5.4 卷积与相关函数

上节介绍了关于傅里叶变换的一些重要性质，本节还要介绍傅里叶变换的另一些重要性质，它们都是分析线性系统的极为有用的工具.

1. 卷积定理

若已知函数设 $f_1(t)$，$f_2(t)$，则由积分

$$f_1 f_2 = \left\{\int_{-\infty}^{+\infty} f_1(\tau) f(t-\tau) d\tau\right\} \tag{5.20}$$

所定义的卷积具有交换律、结合律、对加法的分配律. 这里函数 $f_1=\{f_1(t)\}$，$f_2=\{f_2(t)\}$必为 $\mathfrak{B}$ 中元素，否则积分(5.20)不存在. 关于卷积的有关结果在第二章中已作讨论，下面仅就卷积在傅里叶分析的应用中所起的作用作较扼要的介绍.

定理 5.2(卷积定理) 假定 $f_1(t)$，$f_2(t)$都满足傅里叶积分定理中的条件，且

$$\mathscr{F}(f_1(t))=F_1(\omega),\mathscr{F}(f_2(t))=F_2(\omega)，则$$

$$\mathscr{F}(f_1 \cdot f_2)=F_1(\omega)\cdot F_2(\omega), \tag{5.21}$$

且 $F_1(\omega)\cdot F_2(\omega)$的逆傅里叶变换为 $f_1 \cdot f_2$，其中(5.21)右端为通常的函数乘积.

证明:按傅里叶变换的定义，有

$$\begin{aligned}\mathscr{F}(f_1 \cdot f_2) &= \int_{-\infty}^{+\infty} (f_1 \cdot f_2)(t) e^{-i\omega t} dt \\ &= \int_{-\infty}^{+\infty}\left(\int_{-\infty}^{+\infty} f_1(\tau) f_2(t-\tau) d\tau\right) e^{-i\omega t} dt \\ &= \int_{-\infty}^{+\infty}\int_{-\infty}^{+\infty} f_1(\tau) e^{-i\omega\tau} f_2(t-\tau) e^{-i\omega(t-\tau)} d\tau dt \\ &= \int_{-\infty}^{+\infty} f_1(\tau) e^{-i\omega\tau}\left(\int_{-\infty}^{+\infty} f_2(t-\tau) e^{-i\omega(t-\tau)} dt\right) d\tau \\ &= F_1(\omega)\cdot F_2(\omega).\end{aligned}$$

这个性质表明，两个函数卷积的傅里叶变换等于这两个函数傅里叶变换的乘积.

同理可得

$$\mathscr{F}(f_1(t)\cdot f_2(t))=\frac{1}{2\pi}F_1F_2,\tag{5.22}$$

其中 $F_1=\{F_1(\omega)\}$，$F_2=\{F_2(\omega)\}$.

不难证明，若 $f_k(t)(k=1,2,\cdots,n)$ 满足傅里叶积分定理中的条件，且 $\mathscr{F}\{f_k(t)\}=F_k(\omega)(k=1,2,\cdots,n)$，则有

$$\mathscr{F}(f_1(t)\cdot f_2(t)\cdots f_n(t))=\frac{1}{(2\pi)^{n-1}}F_1F_2\cdots F_n.$$

这里 $F_k=\{F_k(\omega)\}$，$k=1,2,\cdots,n$.

从上面我们可以看出，卷积并不是很容易计算，但卷积定理提供了卷积计算的简便方法，即化卷积运算为乘积运算，这就使得卷积在线性系统分析中成为了特别有用的方法.

2. 相关函数

相关函数的概念和卷积的概念一样，也是频谱分析中的一个重要概念. 本节在引入相关函数的概念以后，主要是来建立相关函数和能量谱密度之间的关系.

对于两个不同的函数 $f_1(t)$ 和 $f_2(t)$，则积分

$$\int_{-\infty}^{+\infty}f_1(t)f_2(t+\tau)dt$$

称为两个函数 $f_1(t)$ 和 $f_2(t)$ 的互相关函数，用记号 $R_{12}(\tau)$ 表示，即

$$R_{12}(\tau)=\int_{-\infty}^{+\infty}f_1(t)f_2(t+\tau)dt.\tag{5.23}$$

而积分

$$\int_{-\infty}^{+\infty}f_1(t+\tau)f_2(t)dt$$

记为 $R_{21}(\tau)$，即

$$R_{21}(\tau)=\int_{-\infty}^{+\infty}f_1(t+\tau)f_2(t)dt.\tag{5.24}$$

当 $f_1(t)=f_2(t)=f(t)$ 时，则积分

$$\int_{-\infty}^{+\infty}f(t)f(t+\tau)dt$$

称为函数 $f(t)$ 的自相关函数(简称相关函数)，记为 $R(\tau)$，即

$$R(\tau)=\int_{-\infty}^{+\infty}f(t)f(t+\tau)dt.\tag{5.25}$$

根据 $R(\tau)$ 的定义，可以看出自相关函数是一个偶函数，即

$$R(\tau)=R(-\tau).$$

事实上，$R(-\tau)=\int_{-\infty}^{+\infty}f(t)f(t-\tau)dt$，令 $t=u+\tau$，可得

$$R(-\tau)=\int_{-\infty}^{+\infty}f(u+\tau)f(u)du=R(\tau).$$

对于互相关函数，有如下性质：

$$R_{21}(\tau)=R_{12}(-\tau).$$

在(5.18)式中，令 $f_1(t)=f(t)$，$f_2(t)=f(t+\tau)$，且

$$F(\omega)=\mathscr{F}(f(t)).$$

根据位移性质可得

$$\begin{aligned}\int_{-\infty}^{+\infty}f(t)f(t+\tau)dt&=\frac{1}{2\pi}\int_{-\infty}^{+\infty}\overline{F(\omega)}F(\omega)e^{i\omega\tau}d\omega\\&=\frac{1}{2\pi}\int_{-\infty}^{+\infty}|F(\omega)|^2e^{i\omega\tau}d\omega\\&=\frac{1}{2\pi}\int_{-\infty}^{+\infty}S(\omega)e^{i\omega\tau}d\omega,\end{aligned}$$

即

$$R(\tau)=\frac{1}{2\pi}\int_{-\infty}^{+\infty}S(\omega)e^{i\omega\tau}d\omega.$$

由此可见，自相关函数 $R(\tau)$ 和能量谱密度 $S(\omega)$ 构成了一个傅里叶变换对：

$$\left.\begin{aligned}R(\tau)&=\frac{1}{2\pi}\int_{-\infty}^{+\infty}S(\omega)e^{i\omega\tau}d\omega,\\S(\omega)&=\int_{-\infty}^{+\infty}R(\tau)e^{-i\omega\tau}d\tau.\end{aligned}\right\}\tag{5.26}$$

利用相关函数 $R(\tau)$ 和 $S(\omega)$ 的偶函数性质，可将(5.26)式写成三角函数的形式

$$\left.\begin{aligned}R(\tau)&=\frac{1}{2\pi}\int_{-\infty}^{+\infty}S(\omega)\cos\omega\tau d\omega,\\S(\omega)&=\int_{-\infty}^{+\infty}R(\tau)\cos\omega\tau d\tau.\end{aligned}\right\}\tag{5.27}$$

当 $\tau=0$ 时，有

$$R(0)=\int_{-\infty}^{+\infty}(f(t))^2dt=\frac{1}{2\pi}\int_{-\infty}^{+\infty}S(\omega)d\omega,$$

即巴塞瓦等式.

若 $F_1(\omega)=\mathscr{F}(f_1(t))$，$F_2(\omega)=\mathscr{F}(f_2(t))$，根据乘积定理，可得

$$R_{12}(\tau)=\int_{-\infty}^{+\infty}f_1(t)f_2(t+\tau)dt=\frac{1}{2\pi}\int_{-\infty}^{+\infty}\overline{F_1(\omega)}F_2(\omega)e^{i\omega\tau}d\omega.$$

我们称 $S_{12}(\omega)=\overline{F_1(\omega)}F_2(\omega)$ 为互能量谱密度，可见，它和互相关函数亦构成一个傅里叶变换对：

$$\left.\begin{aligned}R_{12}(\tau)&=\frac{1}{2\pi}\int_{-\infty}^{+\infty}S_{12}(\omega)e^{i\omega\tau}d\omega,\\S_{12}(\omega)&=\int_{-\infty}^{+\infty}R_{12}(\tau)e^{-i\omega\tau}d\tau.\end{aligned}\right\}\tag{5.28}$$

我们还可以发现，互能量谱密度有如下的性质：

$$S_{21}(\omega)=\overline{S_{12}(\omega)}.$$

例 10　求指数衰减函数

$$f(t)=\begin{cases}0, & t<0,\\e^{-\beta t}, & t\geqslant 0,\beta>0\end{cases}$$

的自相关函数和能量谱密度.

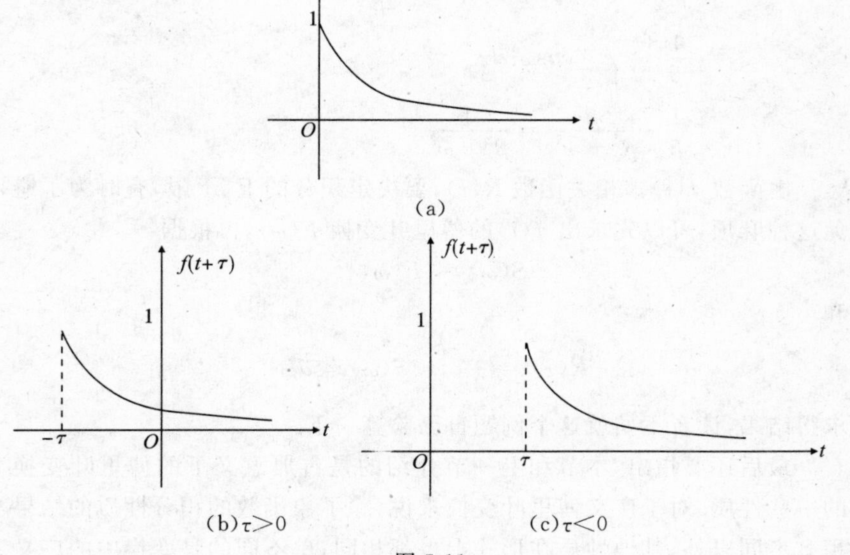

图 5-11

解：根据自相关函数的定义，有

$$R(\tau)=\int_{-\infty}^{+\infty}f(t)f(t+\tau)dt.$$

我们可以用图 5-11(*a*)，(*b*)，(*c*)来表示 $f(t)$，$f(t+\tau)$ 的图形，而它们

乘积 $f(t)f(t+\tau)\neq 0$ 的区间从图 5-11 中可以看出：

当 $\tau\geqslant 0$ 时，积分区间为$[0,+\infty)$，故

$$R(\tau)=\int_{-\infty}^{+\infty}f(t)f(t+\tau)dt=\int_{0}^{+\infty}e^{-\beta t}e^{-\beta(t+\tau)}dt$$

$$=\frac{e^{-\beta\tau}}{-2\beta}e^{-2\beta t}\Big|_{0}^{+\infty}=\frac{e^{-\beta\tau}}{2\beta}.$$

当 $\tau<0$ 时，积分区间为$[-\tau,+\infty)$，故

$$R(\tau)=\int_{-\infty}^{+\infty}f(t)f(t+\tau)dt=\int_{-\tau}^{+\infty}e^{-\beta t}e^{-\beta(t+\tau)}dt$$

$$=\frac{e^{-\beta\tau}}{-2\beta}e^{-2\beta t}\Big|_{-\tau}^{+\infty}=\frac{e^{\beta\tau}}{2\beta}.$$

可见，当$-\infty<\tau<+\infty$时，自相关函数可合写为

$$R(\tau)=\frac{e^{-\beta|\tau|}}{2\beta}.$$

将求得的 $R(\tau)$代入(5.26)式，即得能量谱密度为

$$S(\omega)=\int_{-\infty}^{+\infty}R(\tau)e^{-i\omega\tau}d\tau=\int_{-\infty}^{+\infty}\frac{e^{-\beta|\tau|}}{2\beta}e^{-i\omega\tau}d\tau$$

$$=\frac{1}{\beta}\int_{0}^{+\infty}e^{-\beta\tau}\cos\omega\tau d\tau$$

$$=\frac{1}{\beta}\cdot\frac{\beta}{\beta^2+\omega^2}=\frac{1}{\beta^2+\omega^2}.$$

由函数 $f(t)$求相关函数 $R(\tau)$，要决定积分的上、下限，有时为了避免这种麻烦，可以先求出 $f(t)$的傅里叶变换 $F(\omega)$，再根据

$$S(\omega)=|F(\omega)|^2$$

和

$$R(\tau)=\frac{1}{2\pi}\int_{-\infty}^{+\infty}S(\omega)e^{i\omega\tau}d\omega$$

求得结果，读者不妨就这个例题自己验算一下.

最后还要指出，本节和上一节介绍的是古典意义下的傅里叶变换的一些性质. 对于广义傅里叶变换来说，除了象函数的积分性质的结果稍有不同以外，其他性质在形式上也都相同，单不同的是变换中的广义积分是按(5.12)式来定义的，而不是普通意义下的积分值.

例 11 利用傅里叶变换性质，求 $\delta(t-t_0)$，$e^{i\omega t_0}$ 以及 $tu(t)$的傅里叶变换.

解：因为 $\mathscr{F}(\delta(t))=1$，按位移性质可知

$$\mathscr{F}(\delta(t-t_0))=e^{-i\omega t_0}\mathscr{F}(\delta(t))=e^{-i\omega t_0}.$$

又因为 $\mathscr{F}(1)=2\pi\delta(\omega)$,按象函数的位移性质可知

$$\mathscr{F}(e^{i\omega_0 t})=2\pi\delta(\omega-\omega_0).$$

可见,这和前面得到的结果是完全一致的.

由 $\mathscr{F}(u(t))=\frac{1}{i\omega}+\pi\delta(\omega)$,按象函数的微分性质 $\frac{d}{d\omega}\mathscr{F}(\omega)=\mathscr{F}(-i\cdot t\cdot f(t))$ 可知

$$\mathscr{F}(-i\cdot t\cdot u(t))=\frac{d}{d\omega}\mathscr{F}(u(t))=\frac{d}{d\omega}\left(\frac{1}{i\omega}+\pi\delta(\omega)\right),$$

故

$$-i\cdot\mathscr{F}(t\cdot u(t))=-\frac{1}{i\omega^2}+\pi\delta'(\omega),$$

即

$$\mathscr{F}(t\cdot u(t))=-\frac{1}{\omega^2}+i\pi\delta'(\omega).$$

例 12　若 $f(t)=\cos\omega_0 t\cdot u(t)$,求 $\mathscr{F}(f(t))$.

解:根据卷积定理(5.21)式,有

$$\mathscr{F}(\cos\omega_0 t\cdot u(t))=\frac{1}{2\pi}\{\mathscr{F}(\cos\omega_0 t)\}\{\mathscr{F}(u(t))\}.$$

而

$$\mathscr{F}(\cos\omega_0 t)=\pi(\delta(\omega-\omega_0)+\delta(\omega+\omega_0)),$$

$$\mathscr{F}(u(t))=\frac{1}{i\omega}+\pi\delta(\omega),$$

故

$$\{\mathscr{F}(f(t))\}=\frac{1}{2\pi}\{\pi(\delta(\omega-\omega_0)+\delta(\omega+\omega_0))\}\left\{\frac{1}{i\omega}+\pi\delta(\omega)\right\}=$$

$$\frac{1}{2\pi}\left\{\int_{-\infty}^{+\infty}(\pi\delta(\tau-\omega_0)+\pi\delta(\tau+\omega_0))\cdot\left(\frac{1}{i(\omega-\tau)}+\pi\delta(\omega-\tau)\right)d\tau\right\},$$

即

$$\mathscr{F}(f(t))=\frac{1}{2\pi}\int_{-\infty}^{+\infty}$$

$$\left(\pi^2\delta(\omega-\tau)(\delta(\tau-\omega_0)+\delta(\tau+\omega_0))+\frac{\pi}{i}\frac{\delta(\tau-\omega_0)}{\omega-\tau}+\frac{\pi}{i}\frac{\delta(\tau+\omega_0)}{\omega-\tau}\right)d\tau$$

$$=\frac{\pi}{2}(\delta(\tau-\omega_0)+\delta(\tau+\omega_0))+\frac{1}{2i}\left(\frac{1}{\omega-\omega_0}+\frac{1}{\omega+\omega_0}\right)$$

$$= \frac{i\omega}{\omega_0^2 - \omega^2} + \frac{\pi}{2}(\delta(\tau - \omega_0) + \delta(\tau + \omega_0)).$$

例 13 若 $F(\omega) = \mathscr{F}(f(t))$，证明

$$\mathscr{F}\left(\int_{-\infty}^{t} f(t)dt\right) = \frac{F(\omega)}{i\omega} + \pi F(0)\delta(\omega). \tag{5.29}$$

证明：由前面介绍的积分性质知道，当 $g(t) = \int_{-\infty}^{t} f(t)dt$ 满足傅里叶积分定理的条件时，有

$$\mathscr{F}\left(\int_{-\infty}^{t} f(t)dt\right) = \frac{F(\omega)}{i\omega}.$$

当 $g(t)$ 为一般情况时，我们可以将 $g(t)$ 表示成 $f(t)$ 和 $u(t)$ 的卷积，即

$$g = \{g(t)\} = \{f(t)\} \cdot \{u(t)\}.$$

这是因为

$$\{f(t)\} \cdot \{u(t)\} = \int_{-\infty}^{+\infty} f(\tau)u(t-\tau)d\tau = \left\{\int_{-\infty}^{t} f(\tau)d\tau\right\}.$$

利用卷积定理，有

$$\begin{aligned}
\mathscr{F}\{g(t)\} &= \mathscr{F}(\{f(t)\} \cdot \{u(t)\}) = \mathscr{F}\{f(t)\} \cdot \mathscr{F}\{u(t)\} \\
&= F(\omega)\left(\frac{1}{i\omega} + \pi\delta(\omega)\right) \\
&= \frac{F(\omega)}{i\omega} + \pi F(\omega)\delta(\omega) \\
&= \frac{F(\omega)}{i\omega} + \pi F(0)\delta(\omega),
\end{aligned}$$

这就表明，当 $\lim\limits_{t \to +\infty} g(t) = 0$ 的条件不满足时，它的傅里叶变换就应包括一个脉冲函数，即

$$\mathscr{F}\left(\int_{-\infty}^{t} f(t)dt\right) = \frac{F(\omega)}{i\omega} + \pi F(0)\delta(\omega).$$

特别，当 $g(t)$ 满足傅里叶积分定理条件，即

$$\int_{-\infty}^{+\infty} |g(t)| dt$$

收敛时，可以证明

$$\lim_{t \to +\infty} g(t) = 0,$$

即 $\int_{-\infty}^{+\infty} f(t)dt = 0$ 时，由于 $f(t)$ 是绝对可积的，所以

$$F(0)=\lim_{\omega\to 0}F(\omega)=\lim_{\omega\to 0}\int_{-\infty}^{+\infty}f(t)e^{-i\omega t}dt$$
$$=\int_{-\infty}^{+\infty}\lim_{\omega\to 0}(f(t)e^{-i\omega t})dt$$
$$=\int_{-\infty}^{+\infty}f(t)dt=0.$$

由此可见,当$\lim\limits_{t\to+\infty}g(t)=\lim\limits_{t\to+\infty}\int_{-\infty}^{t}f(t)dt=0$时,就有$F(0)=0$,从而与前 面的结果相一致.

习题 5

1.试证:若 $f(t)$满足傅里叶积分定理的条件,则有

$$f(t)=\int_{0}^{+\infty}a(\omega)\cos\omega t d\omega+\int_{0}^{+\infty}b(\omega)\sin\omega t d\omega,$$

其中

$$a(\omega)=\frac{1}{\pi}\int_{-\infty}^{+\infty}f(\tau)\cos\omega\tau d\tau,$$
$$b(\omega)=\frac{1}{\pi}\int_{-\infty}^{+\infty}f(\tau)\sin\omega\tau d\tau.$$

2.试证:若 $f(t)$满足傅里叶积分定理的条件,当 $f(t)$为奇函数时,则有

$$f(t)=\int_{0}^{+\infty}b(\omega)\sin\omega t d\omega,$$

其中

$$b(\omega)=\frac{2}{\pi}\int_{0}^{+\infty}f(\tau)\sin\omega\tau d\tau.$$

当 $f(t)$ 为偶函数时,则有

$$f(t)=\int_{0}^{+\infty}a(\omega)\cos\omega t d\omega,$$

其中

$$a(\omega)=\frac{2}{\pi}\int_{0}^{+\infty}f(\tau)\cos\omega\tau d\tau.$$

3.求矩形脉冲函数

$$f(t)=\begin{cases}A, & 0\leqslant t\leqslant\tau,\\ 0, & \text{其他}\end{cases}$$

的傅里叶变换.

4.求下列函数的傅里叶变换,并推证下列积分结果:

(1) $f(t)=e^{-\beta t}$,($\beta>0$),证明

$$\int_0^{+\infty}\frac{\cos\omega t}{\beta^2+\omega^2}d\omega=\frac{\pi}{2\beta}e^{-\beta|t|}.$$

(2) $f(t)=e^{-|t|}\cos t$,证明

$$\int_0^{+\infty}\frac{\omega^2+2}{\omega^2+4}\cos\omega t d\omega=\frac{\pi}{2}e^{-|t|}\cos t.$$

5.已知某函数的傅里叶变换为 $F(\omega)=\frac{\sin\omega}{\omega}$,求该函数 $f(t)$.

6.已知某函数的傅里叶变换为 $F(\omega)=\pi(\delta(\omega+\omega_0)+\delta(\omega-\omega_0))$,求该函数 $f(t)$.

7.求函数 $f(t)=\cos t\sin t$ 的傅里叶变换.

8.求如图所示的三角脉冲的频谱函数.

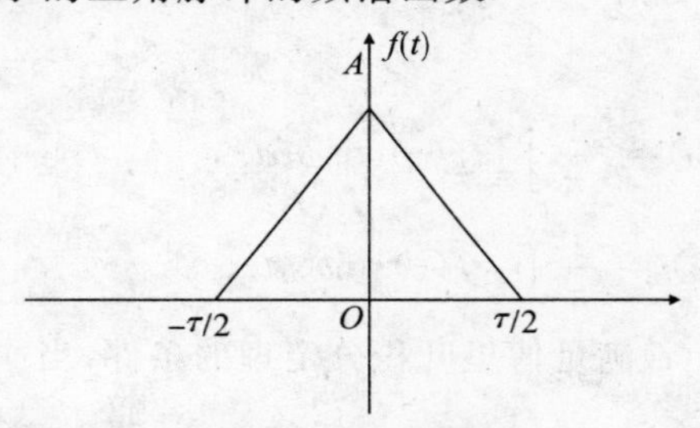

9.求作如图所示的锯齿形波的频谱图.

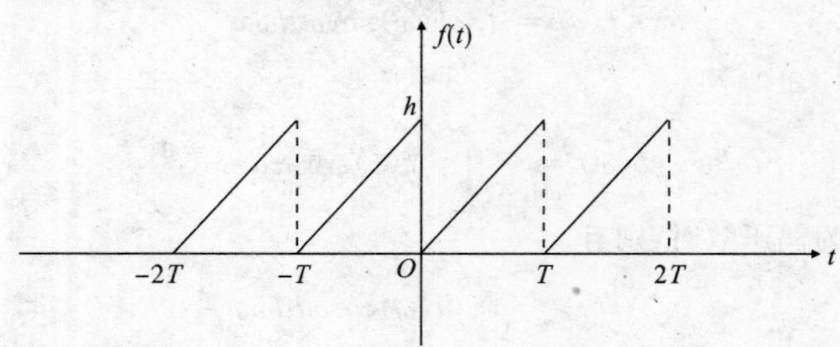

10.若 $F_1(\omega)=\mathscr{F}(f_1(t))$,$F_2(\omega)=\mathscr{F}(f_2(t))$,$\alpha,\beta$ 是常数,证明(线性性质):

$\mathscr{F}(\alpha f_1(t)+\beta f_2(t))=\alpha F_1(\omega)+\beta F_2(\omega)$.

11.若 $F(\omega)=\mathscr{F}(f(t))$,证明(对称性质):

$$f(\pm\omega)=\frac{1}{2\pi}\int_{-\infty}^{+\infty}F(\mp t)e^{-i\omega t}dt,$$

即 $\mathscr{F}(F(\mp t))=2\pi f(\pm\omega)$.

12. 若 $F(\omega)=\mathscr{F}(f(t))$，$a$ 为非零常数，证明（相似性质）：

$$\mathscr{F}(f(at))=\frac{1}{|a|}F(\frac{\omega}{a}).$$

13. 利用能量积分 $\int_{-\infty}^{+\infty}(f(t))^2dt=\frac{1}{2\pi}\int_{-\infty}^{+\infty}|F(\omega)|^2d\omega$，求下列积分的值.

(1) $\int_{-\infty}^{+\infty}\left(\frac{1-\cos x}{x}\right)^2dx$；

(2) $\int_{-\infty}^{+\infty}\frac{\sin^4 x}{x^2}dx$；

(3) $\int_{-\infty}^{+\infty}\frac{1}{(1+x^2)^2}dx$；

(4) $\int_{-\infty}^{+\infty}\frac{x^2}{(1+x^2)^2}dx$.

14. 求下列函数的傅里叶变换.

(1) $f(t)=\sin\omega_0 t\cdot u(t)$；

(2) $f(t)=e^{-\beta t}\sin\omega_0 t\cdot u(t)$；

(3) $f(t)=e^{-\beta t}\cos\omega_0 t\cdot u(t)$.

15. 证明互相关函数和能量谱密度的下列性质.

$$R_{21}(\tau)=R_{12}(-\tau),$$
$$S_{21}(\omega)=\overline{S_{12}(\omega)}.$$

16. 已知某波形的相关函数 $R(\tau)=\frac{1}{2}\cos\omega_0\tau$（$\omega_0$ 为常数），求这个波形的能量谱密度.

17. 若函数

$$f_1(t)=\begin{cases}\frac{b}{a}t, & 0\leqslant t\leqslant a,\\ 0, & \text{其他}\end{cases}\quad 与\ f_2(t)=\begin{cases}1, & 0\leqslant t\leqslant a,\\ 0, & \text{其他},\end{cases}$$

求 $f_1(t)$ 和 $f_2(t)$ 的互相关函数 $R_{12}(\tau)$.

附录

附录Ⅰ 算符演算中的公式

1. $\{a(t)\}+\{b(t)\}=\{a(t)+b(t)\}$

$\{a(t)\}\cdot\{b(t)\}=\left\{\int_0^t a(\tau)b(t-\tau)d\tau\right\}$

$\alpha\{a(t)\}=\{\alpha a(t)\}$,($\alpha$ 是数)

2. $s\{a(t)\}=\{a'(t)\}+a(0)$

$\{a^{(n)}(t)\}=s^n\{a(t)\}-s^{n-1}a(0)-\cdots-sa^{(n-2)}(0)+a^{(n-1)}(0)$

3. $h^\lambda=e^{-\lambda s}=s\{H_\lambda(t)\}$

4. $e^{-\lambda s}\{f(t)\}=\left\{\begin{matrix}0 & 0\leqslant t<\lambda\\ f(t-\lambda) & 0\leqslant\lambda<t\end{matrix}\right\}$

5. $\int_{\lambda_1}^{\lambda_2}e^{-\lambda s}f(\lambda)d\lambda=\left\{\begin{matrix}f(t) & 0\leqslant\lambda_1<t<\lambda_2\\ 0 & t\leqslant\lambda_1 \text{ 或 } t\geqslant\lambda_2\end{matrix}\right\}$

$\int_0^\infty e^{-\lambda s}f(\lambda)d\lambda=\{f(t)\}$

6. $\frac{1}{s}=\{1\}$

$\frac{1}{s^n}=\left\{\frac{t^{n-1}}{(n-1)!}\right\}$,($n=1,2,3,\cdots$)

$\frac{1}{s^\lambda}=\left\{\frac{t^{\lambda-1}}{\Gamma(\lambda)}\right\}$,($\lambda>0$)

$\frac{1}{\sqrt{s}}=\left\{\frac{1}{\sqrt{\pi t}}\right\}$

7. Bessel 函数:

$$J_0(\lambda)=\sum_{\nu=0}^{\infty}(-1)^\nu\frac{\lambda^{2\nu}}{2^{2\nu}(\nu!)^2}$$

$$J_1(\lambda)=\sum_{\nu=0}^{\infty}(-1)^{\nu}\frac{\lambda^{1+2\nu}}{2^{1+2\nu}(1+\nu)!\nu!}$$

$$J_n(\lambda)=\sum_{\nu=0}^{\infty}(-1)^{\nu}\frac{\lambda^{n+2\nu}}{2^{n+2\nu}\nu!(n+\nu)!}$$

8. $\frac{1}{s-\alpha}=\{e^{\alpha t}\}$,（$\alpha$ 为数）

$$\frac{1}{(s-\alpha)^{\lambda}}=\left\{\frac{t^{\lambda-1}}{\Gamma(\lambda)}e^{\alpha t}\right\},(\lambda>0)$$

$$\frac{1}{\sqrt{s+\alpha}}=\left\{\frac{1}{\sqrt{\pi t}}e^{-\alpha t}\right\}$$

$$\frac{1}{s^2+\beta^2}=\left\{\frac{1}{\beta}\sin\beta t\right\},(\beta>0)$$

$$\frac{s}{s^2+\beta^2}=\{\cos\beta t\}$$

$$\frac{1}{s^2-\beta^2}=\left\{\frac{1}{\beta}\mathrm{sh}\beta t\right\},(\beta>0)$$

$$\frac{s}{s^2-\beta^2}=\{\mathrm{ch}\beta t\}$$

$$\frac{1}{(s-\alpha)^2+\beta^2}=\left\{\frac{1}{\beta}e^{\alpha t}\sin\beta t\right\},(\beta>0)$$

$$\frac{s-\alpha}{(s-\alpha)^2+\beta^2}=\{e^{\alpha t}\cos\beta t\}$$

$$\frac{1}{(s-\alpha)^2-\beta^2}=\left\{\frac{1}{\beta}e^{\alpha t}\mathrm{sh}\beta t\right\},(\beta>0)$$

$$\frac{s-\alpha}{(s-\alpha)^2-\beta^2}=\{e^{\alpha t}\mathrm{ch}\beta t\}$$

$$\frac{1}{((s-\alpha)^2+\beta^2)^2}=\left\{\frac{e^{\alpha t}}{2\beta^2}\left(\frac{1}{\beta}\sin\beta t-t\cos\beta t\right)\right\},(\beta>0)$$

$$\frac{1}{((s-\alpha)^2+\beta^2)^3}=\left\{\frac{e^{\alpha t}}{4\beta^4}\left(\left(\frac{3}{2}-\frac{\beta^2t^2}{2}\right)\frac{1}{\beta}\sin\beta t-\frac{3}{2}t\cos\beta t\right)\right\},(\beta>0)$$

$$\frac{s}{((s-\alpha)^2+\beta^2)^2}=\left\{\frac{e^{\alpha t}}{2\beta^2}\left((\alpha-\beta^2t)\frac{1}{\beta}\sin\beta t-\alpha t\cos\beta t\right)\right\},(\beta>0)$$

$$\frac{1}{\sqrt{s^2+\lambda^2}}=\{J_0(\lambda t)\}$$

$$\frac{1}{\sqrt{s^2-\lambda^2}}=\{J_0(i\lambda t)\}$$

$$\frac{\sqrt{s^2+\lambda^2}-s}{\sqrt{s^2+\lambda^2}}=\{\lambda J_1(\lambda t)\}$$

$$\frac{\sqrt{s^2-\lambda^2}-s}{\sqrt{s^2-\lambda^2}}=\{i\lambda J_1(\lambda t)\}$$

$$(\sqrt{s^2+\lambda^2}-s)^n=\left\{\frac{n\lambda}{t}J_n(\lambda t)\right\},(n=1,2,3,\cdots)$$

$$\frac{(\sqrt{s^2+\lambda^2}-s)^n}{\sqrt{s^2+\lambda^2}}=\{\lambda^n J_n(\lambda t)\},(n=0,1,2,\cdots)$$

$$\frac{1}{s}\exp(-\frac{\lambda}{s})=\{J_0(2\sqrt{\lambda t})\}$$

$$\frac{1}{s^2}\exp(-\frac{\lambda}{s})=\left\{\sqrt{\frac{t}{\lambda}}J_1(2\sqrt{\lambda t})\right\}$$

$$\frac{1}{\sqrt{s}}\exp(-\frac{\lambda}{s})=\left\{\frac{1}{\sqrt{\pi t}}\cos 2\sqrt{\lambda t}\right\}$$

$$\frac{1}{\sqrt{s}}\exp(\frac{\lambda}{s})=\left\{\frac{1}{\sqrt{\pi t}}\mathrm{ch}2\sqrt{\lambda t}\right\}$$

$$\exp(-\lambda\sqrt{s})=\left\{\frac{\lambda}{2\sqrt{\pi t^3}}\exp(-\frac{\lambda^2}{4t})\right\},(\lambda>0)$$

$$\frac{1}{\sqrt{s}}\exp(-\lambda\sqrt{s})=\left\{\frac{1}{\sqrt{\pi t}}\exp(-\frac{\lambda^2}{4t})\right\},(\lambda>0)$$

$$\exp\lambda(s-\sqrt{s^2+\alpha^2})=1-\left\{\frac{\lambda}{\sqrt{t^2+2\lambda t}}\alpha J_1(\alpha\sqrt{t^2+2\lambda t})\right\}$$

$$\frac{\exp\lambda(s-\sqrt{s^2+\alpha^2})}{\sqrt{s^2+\alpha^2}}=\{J_0(\alpha\sqrt{t^2+2\lambda t})\}$$

$$\exp(-\lambda\sqrt{s^2+\alpha^2})=\left\{\begin{array}{ll}0 & 0\leqslant t<\lambda\\ \frac{\lambda}{\sqrt{t^2-\lambda^2}}\alpha J_1(\alpha\sqrt{t^2-\lambda^2}) & \lambda<t\end{array}\right\}$$

$$\frac{\exp(-\lambda\sqrt{s^2+\alpha^2})}{\sqrt{s^2+\alpha^2}}=\left\{\begin{array}{ll}0 & 0\leqslant t<\lambda\\ J_0(\alpha\sqrt{t^2-\lambda^2}) & 0\leqslant\lambda<t\end{array}\right\}$$

9. $\dfrac{1}{((s-\alpha)^2+\beta^2)^n}=$

$$\left\{\frac{e^{\alpha t}}{(2\beta^2)^{n-1}}\left(A_n(\beta^2t^2)\ \frac{1}{\beta}\sin\beta t-B_n(\beta^2t^2)t\cos\beta t\right)\right\},(n=1,2,\cdots)$$

$$\frac{s}{((s-\alpha)^2+\beta^2)^n}=$$

$$\left\{\frac{e^{\alpha t}}{2(n-1)\ (2\beta^2)^{n-2}}\left(A_{n-1}(\beta^2t^2)\ \frac{t}{\beta}\sin\beta t-B_{n-1}(\beta^2t^2)t^2\cos\beta t\right)\right\},$$

$(n=2,3,\cdots)$

其中

$$A_1(x)=1,A_2(x)=1,A_{n+1}(x)=\frac{2n-1}{n}A_n(x)-\frac{x}{n(n-1)}A_{n-1}(x),$$

$(n=2,3,\cdots)$,

$$B_1(x)=0,B_2(x)=1,B_{n+1}(x)=\frac{2n-1}{n}B_n(x)-\frac{x}{n(n-1)}B_{n-1}(x),$$

$(n=2,3,\cdots)$.

	$A_n(x)$	$B_n(x)$
$n=1$	1	0
$n=2$	1	1
$n=3$	$\frac{1}{2}(3-x)$	$\frac{3}{2}$
$n=4$	$\frac{5}{2}-x$	$\frac{1}{2}(5-\frac{1}{3}x)$
$n=5$	$\frac{5}{8}(7-3x+\frac{1}{15}x^2)$	$\frac{5}{8}(7-\frac{2}{3}x)$
$n=6$	$\frac{7}{8}(9-4x+\frac{1}{7}x^2)$	$\frac{7}{8}(9-x+\frac{1}{105}x^2)$
$n=7$	$\frac{7}{16}(33-15x+\frac{2}{3}x^2-\frac{1}{315}x^3)$	$\frac{7}{16}(33-4x+\frac{1}{15}x^2)$
$n=8$	$\frac{1}{8}(\frac{429}{2}-99x+5x^2-\frac{2}{45}x^3)$	$\frac{1}{8}(\frac{429}{2}-\frac{55}{2}x+\frac{3}{5}x^2-\frac{1}{630}x^3)$
$n=9$	$\frac{1}{128}(6435-3003x+165x^2-2x^3+\frac{x^4}{315})$	$\frac{1}{128}(6435-858x+22x^2-\frac{4}{35}x^3)$
$n=10$	$\frac{1}{128}(12155-5720x+\frac{1001}{3}x^2-\frac{44}{9}x^3-\frac{x^4}{63})$	$\frac{1}{128}(12155-\frac{5005}{3}x+\frac{143}{3}x^2-\frac{22}{63}x^3+\frac{x^4}{2835})$

附录Ⅱ 拉普拉斯变换简表

	$f(t)$	$F(s)$
1	1	$\frac{1}{s}$
2	$e^{\alpha t}$	$\frac{1}{s-\alpha}$
3	$t^m,(m>-1)$	$\frac{\Gamma(m+1)}{s^{m+1}}$
4	$t^m e^{\alpha t},(m>-1)$	$\frac{\Gamma(m+1)}{(s-\alpha)^{m+1}}$
5	$\sin\alpha t$	$\frac{\alpha}{s^2+\alpha^2}$
6	$\cos\alpha t$	$\frac{s}{s^2+\alpha^2}$
7	$\mathrm{sh}\alpha t$	$\frac{\alpha}{s^2-\alpha^2}$
8	$\mathrm{ch}\alpha t$	$\frac{s}{s^2-\alpha^2}$
9	$t\sin\alpha t$	$\frac{2\alpha s}{(s^2+\alpha^2)^2}$
10	$t\cos\alpha t$	$\frac{s^2-\alpha^2}{(s^2+\alpha^2)^2}$
11	$t\,\mathrm{sh}\alpha t$	$\frac{2\alpha s}{(s^2-\alpha^2)^2}$
12	$t\,\mathrm{ch}\alpha t$	$\frac{s^2+\alpha^2}{(s^2-\alpha^2)^2}$
13	$t^m\sin\alpha t,(m>-1)$	$\frac{\Gamma(m+1)}{2i(s^2+\alpha^2)^{m+1}}$ $((s+i\alpha)^{m+1}-(s-i\alpha)^{m+1})$
14	$t^m\cos\alpha t,(m>-1)$	$\frac{\Gamma(m+1)}{2(s^2+\alpha^2)^{m+1}}((s+i\alpha)^{m+1}+(s-i\alpha)^{m+1})$
15	$e^{-bt}\sin\alpha t$	$\frac{\alpha}{(s+b)^2+\alpha^2}$

续表

16	$e^{-bt}\cos\alpha t$	$\frac{s+b}{(s+b)^2+\alpha^2}$
17	$e^{-bt}\sin(\alpha t+\beta)$	$\frac{(s+b)\sin\beta+\alpha\cos\beta}{(s+b)^2+\alpha^2}$
18	$\sin^2 t$	$\frac{1}{2}\left(\frac{1}{s}-\frac{s}{s^2+4}\right)$
19	$\cos^2 t$	$\frac{1}{2}\left(\frac{1}{s}+\frac{s}{s^2+4}\right)$
20	$\sin\alpha t\sin\beta t$	$\frac{2\alpha\beta s}{(s^2+(\alpha+\beta)^2)(s^2+(\alpha-\beta)^2)}$
21	$e^{\alpha t}-e^{\beta t}$	$\frac{\alpha-\beta}{(s-\alpha)(s-\beta)}$
22	$\alpha e^{\alpha t}-\beta e^{\beta t}$	$\frac{(\alpha-\beta)s}{(s-\alpha)(s-\beta)}$
23	$\frac{1}{\alpha}\sin\alpha t-\frac{1}{\beta}\sin\beta t$	$\frac{\beta^2-\alpha^2}{(s^2+\alpha^2)(s^2+\beta^2)}$
24	$\cos\alpha t-\cos\beta t$	$\frac{(\beta^2-\alpha^2)s}{(s^2+\alpha^2)(s^2+\beta^2)}$
25	$\frac{1}{\alpha^2}(1-\cos\alpha t)$	$\frac{1}{s(s^2+\alpha^2)}$
26	$\frac{1}{\alpha^3}(\alpha t-\sin\alpha t)$	$\frac{1}{s^2(s^2+\alpha^2)}$
27	$\frac{1}{\alpha^4}(\cos\alpha t-1)+\frac{1}{2\alpha^2}t^2$	$\frac{1}{s^3(s^2+\alpha^2)}$
28	$\frac{1}{\alpha^4}(\mathrm{ch}\alpha t-1)-\frac{1}{2\alpha^2}t^2$	$\frac{1}{s^3(s^2-\alpha^2)}$
29	$\frac{1}{2\alpha^3}(\sin\alpha t-\alpha t\cos\alpha t)$	$\frac{1}{(s^2+\alpha^2)^2}$
30	$\frac{1}{2\alpha}(\sin\alpha t+\alpha t\cos\alpha t)$	$\frac{s^2}{(s^2+\alpha^2)^2}$
31	$\frac{1}{\alpha^4}(1-\cos\alpha t)-\frac{1}{2\alpha^3}t\sin\alpha t$	$\frac{1}{s(s^2+\alpha^2)^2}$
32	$(1-\alpha t)e^{-\alpha t}$	$\frac{s}{(s+\alpha)^2}$
33	$t(1-\frac{\alpha}{2}t)e^{-\alpha t}$	$\frac{s}{(s+\alpha)^3}$
34	$\frac{1}{\alpha}(1-e^{-\alpha t})$	$\frac{1}{s(s+\alpha)}$
35 ①	$\frac{1}{\alpha\beta}+\frac{1}{\beta-\alpha}(\frac{e^{-\beta t}}{\beta}-\frac{e^{-\alpha t}}{\alpha})$	$\frac{1}{s(s+\alpha)(s+\beta)}$
36 ①	$\frac{e^{-\alpha t}}{(\beta-\alpha)(\gamma-\alpha)}+\frac{e^{-\beta t}}{(\alpha-\beta)(\gamma-\beta)}+\frac{e^{-\gamma t}}{(\alpha-\gamma)(\beta-\gamma)}$	$\frac{1}{(s+\alpha)(s+\beta)(v+\gamma)}$
37 ①	$\frac{\alpha e^{-\alpha t}}{(\gamma-\alpha)(\alpha-\beta)}+\frac{\beta e^{-\beta t}}{(\alpha-\beta)(\beta-\gamma)}+\frac{\gamma e^{-\gamma t}}{(\beta-\gamma)(\gamma-\alpha)}$	$\frac{s}{(s+\alpha)(s+\beta)(s+\gamma)}$

续表

38 ①	$\frac{\alpha^2 e^{-\alpha t}}{(\gamma-\alpha)(\beta-\alpha)}+\frac{\beta^2 e^{-\beta t}}{(\alpha-\beta)(\gamma-\beta)}+$ $\frac{\gamma^2 e^{-\gamma t}}{(\beta-\gamma)(\alpha-\gamma)}$	$\frac{s^2}{(s+\alpha)(s+\beta)(s+\gamma)}$
39 ①	$\frac{e^{-\alpha t}-e^{-\beta t}(1-(\alpha-\beta)t)}{(\alpha-\beta)^2}$	$\frac{1}{(s+\alpha)(s+\beta)^2}$
40 ①	$\frac{(\alpha-\beta(\alpha-\beta)t)e^{-\beta t}-\alpha e^{-\alpha t}}{(\alpha-\beta)^2}$	$\frac{s}{(s+\alpha)(s+\beta)^2}$
41	$e^{-\alpha t}-e^{\frac{\alpha t}{2}}\left(\cos\frac{\sqrt{3}\alpha t}{2}-\sqrt{3}\sin\frac{\sqrt{3}\alpha t}{2}\right)$	$\frac{3\alpha^2}{s^3+\alpha^3}$
42	$\sin\alpha t\,\mathrm{ch}\,\alpha t-\cos\alpha t\,\mathrm{sh}\,\alpha t$	$\frac{4\alpha^3}{s^4+4\alpha^4}$
43	$\frac{1}{2\alpha^2}\sin\alpha t\,\mathrm{sh}\,\alpha t$	$\frac{s}{s^4+4\alpha^4}$
44	$\frac{1}{2\alpha^3}(\mathrm{sh}\,\alpha t-\sin\alpha t)$	$\frac{1}{s^4-\alpha^4}$
45	$\frac{1}{2\alpha^2}(\mathrm{ch}\,\alpha t-\cos\alpha t)$	$\frac{s}{s^4-\alpha^4}$
46	$\frac{1}{\sqrt{\pi t}}$	$\frac{1}{\sqrt{s}}$
47	$2\sqrt{\frac{t}{\pi}}$	$\frac{1}{s\sqrt{s}}$
48	$\frac{1}{\sqrt{\pi t}}e^{\alpha t}(1+2\alpha t)$	$\frac{s}{(s-\alpha)\sqrt{s-\alpha}}$
49	$\frac{1}{2\sqrt{\pi t^3}}(e^{\beta t}-e^{\alpha t})$	$\sqrt{s-\alpha}-\sqrt{s-\beta}$
50	$\frac{1}{\sqrt{\pi t}}\cos 2\sqrt{\alpha t}$	$\frac{1}{\sqrt{s}}e^{-\frac{\alpha}{s}}$
51	$\frac{1}{\sqrt{\pi t}}\mathrm{ch}\,2\sqrt{\alpha t}$	$\frac{1}{\sqrt{s}}e^{\frac{\alpha}{s}}$
52	$\frac{1}{\sqrt{\pi t}}\sin 2\sqrt{\alpha t}$	$\frac{1}{s\sqrt{s}}e^{-\frac{\alpha}{s}}$
53	$\frac{1}{\sqrt{\pi t}}\mathrm{sh}\,2\sqrt{\alpha t}$	$\frac{1}{s\sqrt{s}}e^{\frac{\alpha}{s}}$
54	$\frac{1}{t}(e^{\beta t}-e^{\alpha t})$	$ln\frac{s-\alpha}{s-\beta}$
55	$\frac{2}{t}\mathrm{sh}\,\alpha t$	$ln\frac{s+\alpha}{s-\alpha}=2Arth\frac{\alpha}{s}$
56	$\frac{2}{t}(1-\cos\alpha t)$	$ln\frac{s^2+\alpha^2}{s^2}$
57	$\frac{2}{t}(1-\mathrm{ch}\,\alpha t)$	$ln\frac{s^2-\alpha^2}{s^2}$
58	$\frac{1}{t}\sin\alpha t$	$\arctan\frac{\alpha}{s}$
59	$\frac{1}{t}(\mathrm{ch}\,\alpha t-\cos\beta t)$	$ln\sqrt{\frac{s^2+\beta^2}{s^2-\alpha^2}}$

续表

60	$\frac{1}{\pi t}\sin(2\alpha\sqrt{t})$	$erf\left(\frac{\alpha}{\sqrt{s}}\right)$
61	$\frac{1}{\sqrt{\pi t}}e^{-2\alpha\sqrt{t}}$	$\frac{1}{\sqrt{s}}e^{\frac{\alpha^2}{s}}erfc\left(\frac{\alpha}{\sqrt{s}}\right)$
62 ②	$erfc\left(\frac{\alpha}{2\sqrt{t}}\right)$	$\frac{1}{s}e^{-\alpha\sqrt{s}}$
63 ②	$erf\left(\frac{t}{2\alpha}\right)$	$\frac{1}{s}e^{\alpha^2 s^2}erfc(\alpha s)$
64	$\frac{1}{\sqrt{\pi t}}e^{-2\sqrt{\alpha t}}$	$\frac{1}{\sqrt{s}}e^{\frac{\alpha}{s}}erfc\left(\sqrt{\frac{\alpha}{s}}\right)$
65	$\frac{1}{\sqrt{\pi(t+\alpha)}}$	$\frac{1}{\sqrt{s}}e^{\alpha s}erfc(\sqrt{\alpha s})$
66	$\frac{1}{\sqrt{\alpha}}erf(\sqrt{\alpha t})$	$\frac{1}{s\sqrt{s+\alpha}}$
67	$\frac{1}{\sqrt{\alpha}}e^{\alpha t}erf(\sqrt{\alpha t})$	$\frac{1}{\sqrt{s}(s-\alpha)}$
68 *	$u(t)$	$\frac{1}{s}$
69 *	$tu(t)$	$\frac{1}{s^2}$
70 *	$t^m u(t),(m>-1)$	$\frac{1}{s^{m+1}}\Gamma(m+1)$
71	$\delta(t)$	1
72	$\delta'(t)$	s
73	$sgnt$	$\frac{2}{s}$
74 ③	$J_0(\alpha t)$	$\frac{1}{\sqrt{s^2+\alpha^2}}$
75 ③	$I_0(\alpha t)$	$\frac{1}{\sqrt{s^2-\alpha^2}}$
76	$J_0(2\sqrt{\alpha t})$	$\frac{1}{s}e^{-\frac{\alpha}{s}}$
77	$e^{-\beta t}I_0(\alpha t)$	$\frac{1}{\sqrt{(s+\beta)^2-\alpha^2}}$
78	$tJ_0(\alpha t)$	$\frac{s}{(s^2+\alpha^2)^{\frac{3}{2}}}$
79	$tI_0(\alpha t)$	$\frac{s}{(s^2-\alpha^2)^{\frac{3}{2}}}$
80	$J_0(\alpha\sqrt{t(t+2\beta)})$	$\frac{1}{\sqrt{s^2+\alpha^2}}e^{\beta(s-\sqrt{s^2+\alpha^2})}$

① 式中 α,β,γ 为不相等的常数.

② $erf(x)=\frac{2}{\sqrt{\pi}}\int_0^x e^{-t^2}dt$ 称为误差函数，$erfc(x)=1-erf(x)$

$= \frac{2}{\sqrt{\pi}} \int_x^{+\infty} e^{-t^2} dt$ 称为余误差函数.

③$I_n(x) = i^{-n} J_n(ix)$，J_n 称为第一类 n 阶贝塞尔（*Bessel*）函数，I_n 称为第一类 n 阶变形的贝塞尔函数，或称为虚宗量的贝塞尔函数.

$$* u(t) = \begin{cases} 0, & t < 0, \\ 1, & t \geqslant 0. \end{cases}$$

附录Ⅲ 傅里叶变换简表

	$f(t)$		$F(\omega)$	
	函数	图象	频谱	图象
1	矩形单脉冲 $f(t)=\begin{cases}E, & \vert t\vert\leqslant\frac{\tau}{2},\\0, & 其它.\end{cases}$	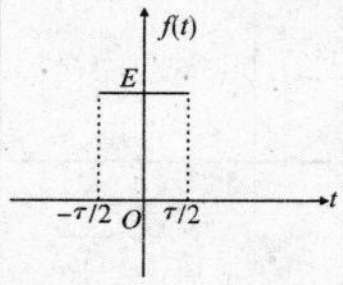	$2E\frac{\sin\frac{\omega\tau}{2}}{\omega}$	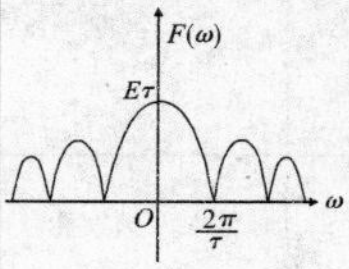
2	指数衰减函数 $f(t)=\begin{cases}0, & t<0,\\e^{-\beta t}, & t\geqslant0,\beta>0\end{cases}$	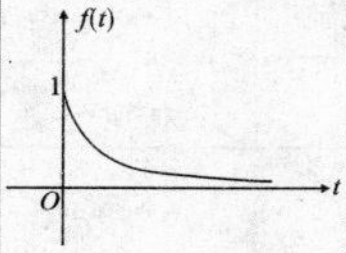	$\frac{1}{\beta+i\omega}$	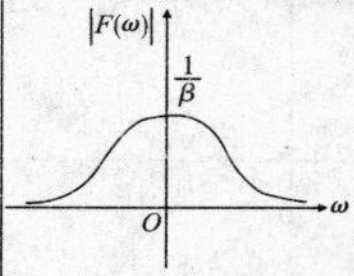
3	三角形脉冲 $f(t)=$ $\begin{cases}\frac{2A}{\tau}(\frac{\tau}{2}+t), & -\frac{\tau}{2}\leqslant t<0,\\\frac{2A}{\tau}(\frac{\tau}{2}-t), & 0\leqslant t<\frac{\tau}{2}\end{cases}$	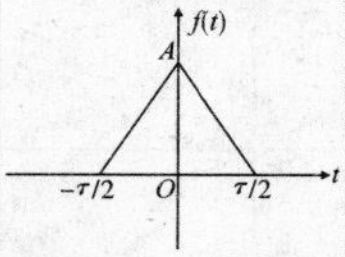	$\frac{4A}{\tau\omega^2}\left(1-\cos\frac{\omega\tau}{2}\right)$	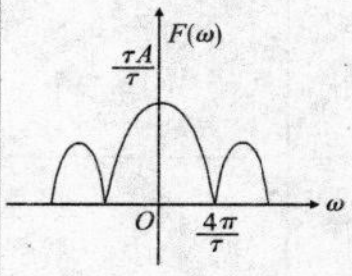
4	钟形脉冲 $f(t)=Ae^{-\beta t^2},\beta>0$	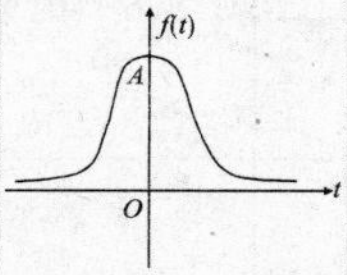	$\sqrt{\frac{\pi}{\beta}}Ae^{-\frac{\omega^2}{4\beta}}$	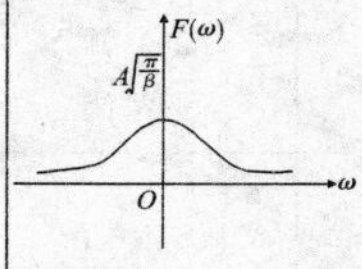
5	傅里叶核 $f(t)=\frac{\sin\omega_0 t}{\pi t}$	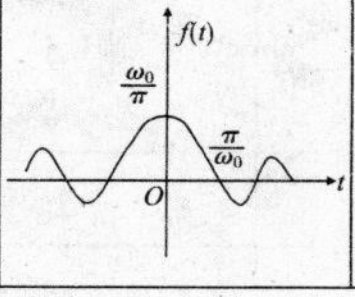	$F(\omega)=\begin{cases}1, & \vert\omega\vert\leqslant\omega_0,\\0, & 其它.\end{cases}$	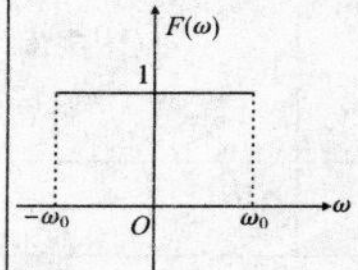

续表

	$f(t)$		$F(\omega)$	
	函数	图象	频谱	图象
6	高斯分布函数 $f(t)=\frac{1}{\sqrt{2\pi}\sigma}e^{-\frac{t^2}{2\sigma^2}}$	$\frac{1}{\sqrt{2\pi}\sigma}$ $f(t)$ O t	$e^{-\frac{\sigma^2\omega^2}{2}}$	$F(\omega)$ 1 O ω
7	矩形射频脉冲 $f(t)=\begin{cases}E\cos\omega_0 t, & \lvert t\rvert\leqslant\frac{\tau}{2},\\ 0, & 其它.\end{cases}$	$f(t)$ E O t	$\frac{E\tau}{2}\left(\frac{\sin(\omega-\omega_0)\frac{\tau}{2}}{(\omega-\omega_0)\frac{\tau}{2}}+\frac{\sin(\omega+\omega_0)\frac{\tau}{2}}{(\omega+\omega_0)\frac{\tau}{2}}\right)$	$\lvert F(\omega)\rvert$ $\frac{E\tau}{2}$ O ω_0
8	单位脉冲函数 $f(t)=\delta(t)$	$f(t)$ 1 O t	1	$F(\omega)$ 1 O ω
9	周期性脉冲 $f(t)=\sum_{n=-\infty}^{+\infty}\delta(t-nT)$,（$T$ 为周期）	$f(t)$ 1 $-2T$ $-T$ O T $2T$ t	$\frac{2\pi}{T}\sum_{n=-\infty}^{+\infty}\delta(\omega-\frac{2n\pi}{T})$	$\lvert F(\omega)\rvert$ $\frac{2\pi}{T}$ $-\frac{4\pi}{T}$ $-\frac{2\pi}{T}$ O $\frac{2\pi}{T}$ $\frac{4\pi}{T}$
10	$f(t)=\cos\omega_0 t$	$f(t)$ 1 O t	$\pi(\delta(\omega+\omega_0)+\delta(\omega-\omega_0))$	$\lvert F(\omega)\rvert$ π $-\omega_0$ O ω_0 ω
11	$f(t)=\sin\omega_0 t$	$f(t)$ 1 O t	$i\pi(\delta(\omega+\omega_0)+\delta(\omega-\omega_0))$	$\lvert F(\omega)\rvert$ π $-\omega_0$ O ω_0 ω
12	单位函数 $f(t)=u(t)$	$f(t)$ 1 O t	$\frac{1}{i\omega}+\pi\delta(\omega)$	$\lvert F(\omega)\rvert$ O ω

	$f(t)$	$F(\omega)$
13	$u(t-\gamma)$	$\frac{1}{i\omega}e^{-i\omega\gamma}+\pi\delta(\omega)$

续表

	$f(t)$	$F(\omega)$
14	$u(t)\cdot t$	$\frac{1}{\omega^2}+\pi i\delta'(\omega)$
15	$u(t)\cdot t^n$	$\frac{n!}{(i\omega)^{n+1}}+\pi i^n\delta^{(n)}(\omega)$
16	$u(t)\sin\alpha t$	$\frac{\alpha}{\alpha^2-\omega^2}+\frac{\pi}{2i}(\delta(\omega-\omega_0)-\delta(\omega+\omega_0))$
17	$u(t)\cos\alpha t$	$\frac{i\omega}{\alpha^2-\omega^2}+\frac{\pi}{2}(\delta(\omega-\omega_0)+\delta(\omega+\omega_0))$
18	$u(t)e^{i\alpha t}$	$\frac{1}{i(\omega-\alpha)}+\pi\delta(\omega-\alpha)$
19	$u(t-\gamma)e^{i\alpha t}$	$\frac{1}{i(\omega-\alpha)}e^{-i(\omega-\alpha)\gamma}+\pi\delta(\omega-\alpha)$
20	$u(t)e^{i\alpha t}t^n$	$\frac{n!}{(i(\omega-\alpha))^{n+1}}+\pi i^n\delta^{(n)}(\omega-\alpha)$
21	$e^{\alpha\|t\|}, Re(\alpha)<0$	$\frac{-2\alpha}{\omega^2+\alpha^2}$
22	$\delta(t-\gamma)$	$e^{-i\omega\gamma}$
23	$\delta'(t)$	$i\omega$
24	$\delta^{(n)}(t)$	$(i\omega)^n$
25	$\delta^{(n)}(t-\gamma)$	$(i\omega)^n e^{-i\omega\gamma}$
26	1	$2\pi\delta(\omega)$
27	t	$2\pi i\delta'(\omega)$
28	t^n	$2\pi i^n\delta^{(n)}(\omega)$
29	$e^{i\alpha t}$	$2\pi\delta(\omega-\alpha)$
30	$t^n e^{i\alpha t}$	$2\pi i^n\delta^{(n)}(\omega-\alpha)$
31	$\frac{1}{\alpha^2+t^2}, \mathrm{Re}(\alpha)<0$	$-\frac{\pi}{2}e^{\alpha\|\omega\|}$
32	$\frac{t}{(\alpha^2+t^2)^2}, \mathrm{Re}(\alpha)<0$	$\frac{i\omega\pi}{2\alpha}e^{\alpha\|\omega\|}$
33	$\frac{e^{i\beta t}}{\alpha^2+t^2}, \mathrm{Re}(\alpha)<0, \beta$为实数	$-\frac{\pi}{2}e^{\alpha\|\omega-\beta\|}$
34	$\frac{\cos\beta t}{\alpha^2+t^2}, \mathrm{Re}(\alpha)<0, \beta$为实数	$-\frac{\pi}{2\alpha}(e^{\alpha\|\omega-\beta\|}+e^{\alpha\|\omega+\beta\|})$
35	$\frac{\sin\beta t}{\alpha^2+t^2}, \mathrm{Re}(\alpha)<0, \beta$为实数	$\frac{\pi}{-2\alpha i}(e^{\alpha\|\omega-\beta\|}-e^{\alpha\|\omega+\beta\|})$
36	$\frac{\mathrm{sh}\alpha t}{\mathrm{sh}\pi t}, -\pi<\alpha<\pi$	$\frac{\sin\alpha}{\mathrm{ch}\omega+\cos\alpha}$
37	$\frac{\mathrm{sh}\alpha t}{\mathrm{ch}\pi t}, -\pi<\alpha<\pi$	$-2i\frac{\sin\frac{\alpha}{2}\mathrm{sh}\frac{\omega}{2}}{\mathrm{ch}\omega+\cos\alpha}$
38	$\frac{\mathrm{ch}\alpha t}{\mathrm{ch}\pi t}, -\pi<\alpha<\pi$	$2\frac{\cos\frac{\alpha}{2}\mathrm{ch}\frac{\omega}{2}}{\mathrm{ch}\omega+\cos\alpha}$

续表

	$f(t)$	$F(\omega)$
39	$\frac{1}{\operatorname{ch}\alpha t}$, $-\pi<\alpha<\pi$	$\frac{\pi}{2}\frac{1}{\operatorname{ch}\frac{\pi\omega}{2\alpha}}$
40	$\sin\alpha t^2$	$\sqrt{\frac{\pi}{\alpha}}\cos\left(\frac{\omega^2}{4\alpha}+\frac{\pi}{4}\right)$
41	$\cos\alpha t^2$	$\sqrt{\frac{\pi}{\alpha}}\cos\left(\frac{\omega^2}{4\alpha}-\frac{\pi}{4}\right)$
42	$\frac{1}{t}\sin\alpha t$	$\begin{cases}\pi, & \lvert\omega\rvert\leqslant 2\alpha,\\ 0, & \lvert\omega\rvert>2\alpha.\end{cases}$
43	$\frac{1}{t^2}\sin^2\alpha t$	$\begin{cases}\pi\left(\alpha-\frac{\lvert\omega\rvert}{2}\right), & \lvert\omega\rvert\leqslant 2\alpha,\\ 0, & \lvert\omega\rvert>2\alpha.\end{cases}$
44	$\frac{\sin\alpha t}{\sqrt{\lvert t\rvert}}$	$i\sqrt{\frac{\pi}{2}}\left(\frac{1}{\sqrt{\lvert\omega+\alpha\rvert}}-\frac{1}{\sqrt{\lvert\omega-\alpha\rvert}}\right)$
45	$\frac{\cos\alpha t}{\sqrt{\lvert t\rvert}}$	$\sqrt{\frac{\pi}{2}}\left(\frac{1}{\sqrt{\lvert\omega+\alpha\rvert}}+\frac{1}{\sqrt{\lvert\omega-\alpha\rvert}}\right)$
46	$\frac{1}{\sqrt{\lvert t\rvert}}$	$\sqrt{\frac{2\pi}{\lvert\omega\rvert}}$
47	$\operatorname{sgn} t$	$\frac{2}{i\omega}$
48	$e^{-\alpha t^2}$, $\operatorname{Re}(\alpha)>0$	$\sqrt{\frac{\pi}{\alpha}}e^{-\frac{\omega^2}{4\alpha}}$
49	$\lvert t\rvert$	$-\frac{2}{\omega^2}$
50	$\frac{1}{\lvert t\rvert}$	$\frac{\sqrt{2\pi}}{\lvert\omega\rvert}$